Sigrid Tinz

Enkeltauglich gärtnern

Gut für Klima, Mensch, Natur

Sigrid Tinz

Enkeltauglich gärtnern

Inhalt

Gemeinsam für eine enkeltaugliche Zukunft

»Enkeltauglich« – haben Sie sich gefragt, was genau das heißen soll? »Nachhaltig« wäre sicher auch ein passender Begriff: Er beschreibt die Absicht, nur so viel zu nutzen und zu verbrauchen, wie nachwachsen und wiederkommen kann, damit wir alle und alle nach uns es in Zukunft noch nutzen und verbrauchen können. Das ist die ursprüngliche Bedeutung. Aber »nachhaltig« wird in den letzten Jahren inflationär und oft auch in anderen Zusammenhängen verwendet. Man kann heute auch nachhaltig Vokabeln lernen oder das Badezimmer putzen, wobei hier nicht der Umwelt- und Ressourcenschutz, sondern die Gründlichkeit im Vordergrund steht. Außerdem ist es ein Fachbegriff, klingt schön wissenschaftlich kompliziert und bedeutungsschwer … Aber kompliziert ist ja eh schon alles mit der Ökologie und dem Klima und was man alles machen könnte, müsste und nicht mehr sollte. Recycling und Upcycling, unverpackt und plastikfrei, veganes Leben, Müll vermeiden und Essen retten, Wasser und Energie sparen, beim Einkauf auf Öko-Siegel und Fairen Handel achten, Arten schützen – und sich auch noch gegen Viren wappnen, achtsam sein und Solidarität beweisen … Viel zu komplex, um alles richtig zu machen, und nicht immer passt alles zusammen.

Deswegen haben wir das Wort »enkeltauglich« gewählt, weil es einfach ist und alles umfasst. Wenn man es definieren möchte: So handeln, dass nichts, was wir tun, die Wahrscheinlichkeit verringert, dass unsere Kinder und unsere Enkel eine gute Zukunft haben werden. »Nichts« ist dabei nicht absolut zu sehen, sondern: nach bestem Wissen und Gewissen. Wissen gibt's überall und eben auch in diesem Buch. Und das mit dem Gewissen geht viel einfacher, wenn man sich nicht die abstrakte Nachhaltigkeit vorstellt, sondern konkrete Personen: die Enkel – egal, ob es die eigenen sind oder die aus der Nachbarschaft.

Kinder und Gärten passen sowieso gut zusammen: Spielen im Matsch, Himbeeren essen, bis die Finger rot sind, Schmetterlingen hinterherlaufen, auf Bäume klettern … Solche schönen Erinnerungen haben vermutlich viele von uns. Und auch wem in den Lehr- und Wanderjahren ein paar Kräuter auf der Fensterbank der WG-Küche ausreichten, der denkt darüber nach, einen Garten zu haben, wenn Kinder kommen. Und wenn man einen hat, behält man ihn, bis die Enkelkinder groß sind. Selbst wenn die Hüfte zwickt und die Arbeit eigentlich zu viel ist. Wer erst einmal erlebt hat, wie wichtig das grüne Wohnzimmer für das eigene Wohlbefinden und die Selbstversorgung ist und wie viele Naturerlebnisse schon auf wenigen Quadratmetern möglich sind, wird nicht mehr auf den Garten verzichten wollen.

»Einen Garten zu bepflanzen, bedeutet, an Morgen zu glauben.«
AUDREY HEPBURN

So war es bei mir und so wird es sein. Aktuell bin ich in Phase zwei: Garten mit eigenen Kindern. Und davor war ich selbst ein Kind im Garten. Aufgewachsen auf dem Land, mit einem Selbstversorgergarten, mit wenig Interesse für die akribische und viele Gartenarbeit meiner Mutter, aber viel Platz zum Spielen. Dann Ausbildung, Lernen, Umziehen, Reisen und maximal mal eine Wohnung mit Balkon. Dann kamen die Kinder und der Garten.

Anfangs hatte ich keine Ahnung. Also, theoretisch schon, das habe ich ja studiert. Torfschichtendicke kartiert und gegen Moorzerstörung demonstriert, Blumenerde ohne Torf ist logische Ehrensache, aber woher in der Praxis nehmen und nicht stehlen? Ich habe Blütenköpfe verschiedenster Pflanzen mit dem Skalpell seziert, wusste aber nichts darüber, wann man Rosen stutzt und warum überhaupt. Ich habe Referate über Humusbildung und meine Diplomarbeit in Bodenkunde geschrieben. Natürlich *weiß* ich, dass Kompost der beste aller Dünger ist, aber wie sich das verflixte Zeug herstellen lässt? Kein Plan!

Ein bisschen habe ich dieses Buch deshalb für mich geschrieben, weil ich vor zwanzig Jahren gerne so eins gehabt hätte. Wie kann ich ökologisch im Garten alles richtig machen? Möglichst ohne viel gärtnerischen Aufwand, nicht nur theoretisch, sondern mit Hand und Fuß, mit Sinn und Verstand. Also kein Permakultur-Grundlagenwerk in fünf Bänden und auch keine 77 kreativen Deko-Garten-Ideen zum schnellen Selbermachen, sondern als praxistauglichen und gut verständlichen Leitfaden zum weiteren Ausprobieren.

Denn es geht nicht nur ums *enkeltaugliche* Gärtnern, sondern auch ums enkeltaugliche *Gärtnern*. Gärten sind besondere Orte, ein Zwischending zwischen Wohnhaus und Wildnis, und ein Garten ist der beste aller Orte, um ökologisch zu handeln. Im Garten sind alle Zusammenhänge sofort klar. All das, was wir tun, hat unmittelbare Auswirkungen auf unser grünes Wohnzimmer. Es ist ja nicht nur unser Aufenthaltsort, sondern auch der Lebensraum vieler anderer Arten, und das trotz Rasenmäher, Zaun und Besitzurkunde. Ein Stück Natur, das wir vom Planeten nur geliehen haben.

Ökologisches Wissen mit enkeltauglichem Handeln in Einklang zu bringen, ist oft nicht so einfach: Gartenmöbel aus Holz und haltbare Terrassendielen sind schöner als Plastikstühle und Kunstrasen-Teppich auf Beton. Aber wird dafür vielleicht Raubbau an der Natur betrieben? Und wie sind die Arbeitsbedingungen der Menschen für die Rohstoffgewinnung? Und wenn wir auf Nachhaltigkeitssiegel achten – welchem können wir vertrauen? Längst haben wir den Überblick über die Lieferketten der Produkte verloren. Das ganze Ausmaß wird deutlich, wenn der globale Handel in Krisenzeiten unterbrochen wird.

Und unser Handeln wirkt lange nach. Fälle ich in meinem Garten einen Baum oder muss ich ihn fällen – und habe ich nur einen richtigen Baum, einen alten Apfelbaum –, dann sind Vögel in Wohnungsnot, es fehlen die Blüten im Frühjahr, die Früchte im Herbst, der Schatten im Sommer, der Platz für die Schaukel und im Winter ein Ast, um das Vogelfutter dran zu hängen. Es dauert Jahre bis Jahrzehnte, bis ein anderer Baum ebenbürtig nachgewachsen ist.

Das Schöne ist aber: Wir können unmittelbar und sofort anfangen, etwas gut oder besser und richtig zu machen. Selbst im kleinsten Garten oder im Hinterhof kann ein Stück Zaun zur lebendigen Hecke werden, können im Rasen Wildpflanzen blühen, passt ein Haufen Laub in eine Ecke oder ein Vogelhäuschen an die Wand. Und auch auf dem Balkon und der Terrasse gehen naturnahes Gärtnern und Handeln. Nicht nur Ihr Umfeld wird sich dabei verändern, sondern Sie selbst werden sich verändern, zum Guten. Sich mit den Pflanzen und Tieren zu beschäftigen und sich mit ihnen verbunden zu fühlen, macht lebendig, glücklich und zufrieden und gibt neue Energie. Mit jeder guten Gartentat entstehen so weitere Ideen, um die Welt ein bisschen besser zu machen.

Wo Sie anfangen, ist eigentlich egal, denn das wissen Menschen mit Garten: Es gibt immer was zu tun, manchmal mehr, als einem lieb ist. Und mit diesem Buch erfahren Sie bei allem, was Sie tun, wie es so geht, dass auch Ihre Enkel noch so gärtnern können. Naturnah, artenreich, ökologisch, lebendig, blühend, voller Leben. Wer so gärtnert, spart übrigens nicht nur Ressourcen, sondern viel Zeit, weil der Garten viel alleine macht und wenig gegängelt und gepäppelt werden muss. Ihnen bleibt viel mehr Zeit für anderes – Gemüse kultivieren, sich politisch engagieren oder mit den (Enkel-)Kindern im Garten auf Entdeckungsreise gehen.

Und noch ein Pluspunkt, der – leider – nicht unwichtig ist: Ein enkeltauglich bewirtschafteter Garten ist robuster und so bestens vorbereitet, auf das, was die Zukunft und der Klimawandel bringen werden.

Wie Sie dieses Buch am besten benutzen

Enkel habe ich noch nicht, aber Kinder. Die finden es spannend, dass ihre Mama Bücher schreibt, und vor allen Dingen finden sie es toll, dass es immer genau so viel über ein Thema zu sagen gibt, dass es genau in ein Buch passt.

Das stimmt natürlich nicht. Den Inhalt für mindestens ein ganzes weiteres Buch habe ich auch dieses Mal während des Schreibens aussortiert. Noch mal so viel hat meine Lektorin herausgestrichen. Weitere Themen, für drei bis vier weitere Bücher, haben wir gar nicht erst auf die Liste gesetzt. Und viele Dinge, die es in die Endauswahl geschafft haben, kann ich nur anreißen, sie ausführlich zu beschreiben, würde alleine ein ganzes Buch füllen. Über manche Themen habe ich bereits eines geschrieben oder würde es gerne tun. Was ich damit sagen will: Es besteht kein Anspruch auf Vollständigkeit. Für vieles bekommen Sie Anleitungen und Informationen, für vieles aber auch nur einen Gedankenanstoß, um sich woanders weiter zu informieren. Weiterführende Literatur und Internetseiten finden Sie im Anhang ab Seite 165 – aber auch hier passen nicht alle Informationen in ein Buch.

Weder bei den Themen besteht Anspruch auf Vollständigkeit noch bei den Inhalten. Nicht alles ist rundum behandelt, und es gibt immer mehrere Sichtweisen und einzelne Schwerpunkte, die man setzen kann. Alles richtig zu machen, geht gar nicht. Aber wer mehr richtig macht, macht in der Summe weniger falsch. Auch wenn sich vielleicht mal etwas widerspricht: Wichtig ist, überhaupt etwas zu tun oder ganz bewusst auch mal zu unterlassen.

Bei den Punkten, die uns besonders am Herzen liegen, ist die Motivation am größten. Deswegen haben wir die Informationen und Tipps mit Symbolen gekennzeichnet. So können Sie auf den ersten Blick erkennen, wo Sie die Themen, die für Sie gerade am wichtigsten sind, finden. Hier die Symbole im Überblick:

Artenschutz: Klar, die Bienen sind hier Thema, aber auch all die anderen Tiere und Pflanzen ebenso wie alte Gemüsesorten, Moose, Pilze und Flechten … Sie alle verdienen respektvolle Behandlung, sie alle haben ihre Rolle im Kreislauf der Natur. Als Gärtnerin und Gärtner haben Sie mehr Einfluss als Sie denken.

Ressourcenschutz: Je weniger Sie nutzen und verbrauchen, desto weniger muss nachwachsen und desto mehr bleibt für die Enkel: Wasser, Boden, Rohstoffe, Holz, Energie – ob bei der Herstellung, beim Transport in Ihren Garten oder bei der Gartenpflege. Das Thema Plastik ist dabei besonders wichtig, nicht nur wegen des Ressourcenverbrauchs, sondern auch wegen der Müllstrudel in den Weltmeeren und des Mikroplastiks in unseren Körpern.

Klimafreundlichkeit: Hier geht es um alles, was hilft, den Klimawandel nicht noch mehr anzuheizen; und um alles, was hilft, dass Ihr Garten mit dem sich wandelnden Klima gut klarkommt und nutzbar bleibt. Oft lässt sich beides kombinieren.

Bodenfruchtbarkeit: Der Boden ist die Grundlage für alles, auch wenn wir Gärtnerinnen und Gärtner oft auf das fixiert sind, was auf ihm wächst: Blumen, Gemüse, Wiese. Ohne Boden wäre das alles nichts. Weil er so wichtig ist und so oft vernachlässigt wird, bekommt er sein eigenes Symbol und seinen besonderen Platz im Buch.

Gut für Natur und Mensch: Das ist mir wichtig, denn auch wir Menschen sind Teil der Natur, und all das machen wir ja für die Enkel, nicht nur unsere eigenen. Es geht um die Arbeits- und Lebensbedingungen bei der Herstellung unserer Gartenprodukte und darum, dass nicht in anderen Ecken dieser Welt Mensch und Natur durch unseren Konsum geschädigt werden.

Gartenfreude: Es geht aber auch darum, dass Sie sich in Ihrem Garten persönlich viel Gutes tun können. Buddeln, säen und pflanzen machen Freude und halten uns jung. Gärtnern ist ein prima Fitnesstraining, auch für die grauen Zellen. Damit die Freude von Dauer ist und das Zusammenleben funktioniert, gibt es auch dazu wichtige Tipps.

Die Zuordnung des Symbols ist oft nicht leicht. Manchmal passt keins so ganz genau und manchmal irgendwie alle. Das ist ein gutes Zeichen. Die Natur und die Welt, auch ein Garten, sind komplexe Gebilde. Die Zusammenhänge durchschaut kein Mensch je wirklich. Alle Maßnahmen eindeutig in eine passende Schublade stecken? Ein Glück, dass das nicht geht.

Es besteht auch kein Anspruch auf objektive Richtigkeit. Natürlich ist nichts bewusst falsch, aber erstens ist Wissenschaft Zeitgeist und entwickelt sich weiter, zweitens ist das Buch geprägt von meiner Sichtweise, meinen Interpretationen und Erfahrungen, und drittens kommt überall täglich Neues dazu, neue Forschungsergebnisse, Erkenntnisse und eigene Erlebnisse, die mir zeigen, dass es nicht nur Schwarz und Weiß, sondern auch viele Grautöne dazwischen gibt.

In meinem Elternhaus habe ich beispielsweise selbstverständlich im Herbst mit zum Rechen gegriffen und alles Laub, das irgendwo lag, weggeharkt, bis ich Blasen an den Fingern hatte. Meine Eltern machten es so, punkt. Im Studium lernte ich mehr über die Stoffkreisläufe der Natur und wie viel Nährstoffe und Lebewesen im Laub stecken. In meinem eigenen Garten ließ ich das Laub dann auf den Beeten selbstverständlich liegen ... Bis ein nasser, warmer Winter kam und der Lavendel unter den Blättern verfaulte. Drei Jahre später wären meine Kräuter für ein bisschen Laub an den Füßen dankbar gewesen, als es im Februar noch mal unter minus 10 °C kalt wurde und die schützende Schneedecke, aber auch eine Laubschicht fehlten. Das ist beim Gärtnern besonders wichtig: hinschauen, genau beobachten und erst dann handeln. Nicht einfach nur nach Schema F.

Zwar haben wir das Buch jahreszeitlich sortiert – gerade wenn Sie erst anfangen, zu gärtnern, wissen Sie ja im Frühjahr noch nicht, was Sie im Herbst beschäftigen könnte. Aber es ist kein Kalender nach der Art, wie er in Gartenmagazinen, Apps oder auf Internetseiten zu finden ist, à la »Der Garten im Januar« oder »Ihre Arbeiten für den Mai«, der wochen- oder monatsweise das Jahr durchgeht und empfiehlt, wann Sie Laub harken, Dahlien ausgraben, Leimringe anbringen, den Rasen vertikutieren und die Rosen schneiden sollten. Erstens stehen solche Arbeiten nicht im Mittelpunkt und zweitens lassen sich die natürlichen Abläufe nicht in solche festen Zeitrahmen stecken, die wir Menschen uns überlegt haben. Man macht viel nach »Gefühl«. Meine Mutter hat das immer so genannt, wenn ich von ihr genau wissen wollte, wann dies, wann jenes zu tun und richtig zu machen sei. Damals konnte ich

Beim Gärtnern die Natur erleben – am besten von Kindesbeinen an

mit ihrer Antwort nicht viel anfangen, aber mittlerweile sehe ich es genauso. Und, seien Sie gewiss: Auch Sie werden dieses Gefühl irgendwann haben, ein anderes als meins und ich habe ein anderes als meine Mutter, aber es wird werden und wachsen. Und dann sind Sie es, die von Gartenneulingen nach Rat gefragt werden. Und Sie werden Ihren Kindern und Enkeln viel Gartenwissen weitergeben können. So wie aus einem kleinen Setzling ein großer Baum wird, wird aus dem ersten Schritt immer mehr und am Ende ein ganzer Schatz an Erfahrungen.

Auf diesem Weg zum Gartenwissen hilft Ihnen dieses Buch, rund ums Jahr, leicht umsetzbar und enkeltauglich.

Einfach anfangen, mitten im Winter

Mit dem Winter beginnt das Jahr und beginnen auch unsere guten Taten. Ganz passend, denn im Winter ist Ruhe, auch bei geschäftigen Gärtnerinnen und Gärtnern. Sie haben Zeit, Pläne für den Garten zu machen, ein Buch in die Hand zu nehmen, zu überlegen, was Sie möchten und können. Wenn Sie das Buch zu einer anderen Jahreszeit in die Hand nehmen und es ein bisschen eiliger haben, können Sie schon mal weiterblättern und sich dann Saison für Saison wieder nach vorne durcharbeiten. Oder Sie schlagen immer genau dann nach, wenn ein Thema gerade aktuell ist. Aber egal, wie Sie beim Lesen vorgehen werden, einen exakten Zeitplan, werden Sie hier nicht finden. Listen mit allem, »was im Frühjahr zu tun ist«, sind weniger hilfreich, als man denkt. Zwar ist unser Jahr – kalendarisch und meteorologisch – in feste Termine eingeteilt, aber die jährliche Entwicklung der Natur schert sich nicht darum, heute weniger denn je. Zeit für die Frühlingsaussaat ist es je nach Jahr und Ort mal dann, mal dann. Was in erster Linie heißt, dass wir uns – noch weniger als sonst – auf Gewohnheiten und Regeln verlassen können. Sondern stattdessen hingucken müssen: Wie ist das Wetter? Was passiert im Garten? Der sagt Ihnen schon, was zu tun ist.

Helfen lassen kann man sich von der sogenannten Phänologie (aus dem Griechischen von phaíno = ich erscheine). Sie befasst sich mit den im Jahresablauf periodisch wiederkehrenden Erscheinungen in der Natur – Blüte, Fruchtreife, Vogelzug – und setzt diese über die Jahrhunderte gesammelten Erfahrungen zueinander in Beziehung. Der Igel erwacht beispielsweise nicht pünktlich zum kalendarischen

Frühlingsanfang am 21. März aus dem Winterschlaf, sondern wenn es ihm Tag-Nacht-Rhythmus und Temperaturentwicklung signalisiert haben. Und auch die Schneeglöckchen und Buschwindröschen, die Kirschen und Kastanien blühen dann, wann in diesem Jahr genau der richtige Zeitpunkt ist, und nicht zu einem bestimmten Stichtag. Und wenn sie blühen – dann ist Frühling. Und nicht umgekehrt.

Bevor Sie mit dem Buch durchs Jahr spazieren, machen Sie doch mal einen Spaziergang durch Ihren Garten, wenn er sehr groß ist. Haben Sie nur eine Terrasse oder einen Balkon, schauen Sie sich auch diese genau an. Wie sieht der Garten eigentlich aus, wie groß ist er, was könnte dort werden und was hätten Sie auf der Terasse gerne noch oder anders?

In diesem Buch werden Sie viele Ideen finden, auch wenn Ihr Garten jetzt noch nackt und kahl ist. Ein bisschen Planung und eine bewusste Pflanzenauswahl, und Sie haben zu jeder Jahreszeit einen Strauch oder eine Staude, die blühen oder fruchten, auch im Winter. Das ist auch einfach schön fürs Auge. Dann hängen auch im Winter noch Hagebutten und ein paar Äpfel an den Zweigen, der Efeu ist voller Kugelfrüchte, und während die letzten Astern die Augen schließen, machen sich Zaubernuss und Christrosen bereit, die erste Blüh-Schicht im neuen Jahr zu übernehmen. Vorteile für Sie: Die heimischen Pflanzen kommen mit unseren Böden und Klimabedingungen gut zurecht und müssen nicht ständig gepäppelt werden, brauchen kaum Winterschutz, müssen wenig gedüngt und gegossen werden.

»Die Liebe zum Garten ist ein Same,
der, einmal gesät, nie wieder stirbt,
sondern weiter und weiter wächst –
eine bleibende und immer voller
strömende Quelle der Freude.«

GERTRUDE JEKYLL

Richtig gärtnern mit dem Klimawandel – und dagegen

Milde Winter, heiße Sommer, heftige Unwetter. Insgesamt wird es wärmer, aber manchmal liegt an Ostern noch oder schon wieder Schnee, Dauerregen im Juli, Dürre im August, die extremen Wetterlagen mehren sich. Dass sich das Klima ändert, ist nicht mehr zu leugnen. Aber als Gärtnerin und Gärtner können wir viel dafür tun, es nicht noch schlimmer zu machen. Und wenn wir unseren Garten gut aufstellen, können wir ihn auch in Zeiten des Wandels genießen.

Das Klima wird wärmer, das Wetter wankelmütiger

Unsere Gartensaison endet immer später und beginnt immer früher: Die Rosen blühen bis Weihnachten, der Mangold kann den ganzen Winter hindurch frisch vom Beet geerntet werden und zu Neujahr begrüßen uns bereits die ersten Schneeglöckchen. Und nicht nur die Winter werden wärmer, auch die Sommer, um nicht zu sagen: heißer. Das bedeutet Trockenstress für die Natur – und viele typische Gartenpflanzen fühlen sich damit nicht sehr wohl: Hortensien, Dahlien, Rhododendren oder Edelrosen müssen gepflegt und gehegt werden und machen trotzdem schlapp, auch wenn wir sie literweise mit Wasser versorgen. Besser sind deshalb heimische und standortangepasste Pflanzen, die sind robust und kommen mit dem klar, was das Wetter ihnen bietet: Kräuter sind zäh, blühen auch oft sehr schön und sind oft auch eine Insektenweide. Mehrjährige Stauden haben ein feineres, dichteres und tiefgründiges Wurzelwerk und können sich länger und besser selbst versorgen als Saisonblumen, die wir schnell vom Gartenmarkt geholt haben. Einjährige, die rasch keimen, blühen und Lücken füllen, können direkt gesät werden. Noch besser ist es, möglichst viele verschiedene heimische und robuste Pflanzen zu säen und zu setzen. Denn mal kommt die eine, mal die andere besser mit dem insgesamt wankelmütigeren Wetter klar. Was wächst, hat man vielleicht dann nicht so in der Hand. Aber dass etwas wächst, darauf können Sie trotzdem zählen.

Gleichzeitig wird es ab und zu auch viel feuchter: Schneemassen, Gewitterregen, Hagelstürme. Deshalb ist es wichtig, dass der Gartenboden durchlässig ist, damit das Wasser gut im Boden versickert und den Pflanzen zum Trinken zur Verfügung steht – und nicht einfach so in die Kanalisation durchrauscht. Deshalb: Keine nackte Erde und möglichst wenig versiegelte Flächen, denn je dichter bewachsen, desto besser nehmen Pflanzendecke und Wurzelwerk das Wasser auf und leiten es langsam in tiefere Bodenschichten. Und es gibt keine Staunässe, die viele Pflanzen verfaulen lässt.

Vorsicht Hitze

Vermeintlich pflegeleichte, geschotterte »Beete«, die optisch Geschmackssache und für die Natur zudem völlig wertlos sind, schaden in Zeiten des Klimawandels auch uns Menschen: In den immer heißer werdenden Sommern heizen sich die Steine auf und geben die Hitze in den Nächten wieder ab – wer dann nachts die Fenster öffnet, wird keine Abkühling finden. Und Starkregen bringt große Wassermassen, die in den verdichteten Böden nicht versickern und von der Kanalisation nicht schnell genug aufgenommen werden können. Überflutete Straßen und Keller sind die Folgen. Unsere Enkel werden sich bedanken, wenn diese Mode weiter um sich greift. Mal ganz abgesehen von der gähnenden Langeweile, die solche Flächen ausstrahlen.

Das Gemüsebeet im Klimawandel

Auch im Gemüsebeet ist Vielfalt wichtig. Gut kombiniert, bekommen Sie gute Erträge, ohne viel Dünger, Wassereinsatz, Materialaufwand oder gar Pflanzenschutzmittel. Mischkulturen halten sich gegenseitig Krankheiten vom Leib und halten sogar unterirdisch Händchen, indem sich ihre Wurzeln miteinander verschränken und verweben. Kohlrabi, Erbsen und Kopfsalat passen zum Beispiel gut zusammen, Tiefwurzler

wie Mangold teilen sich gerne den Platz mit Radieschen oder Radicchio. Dünner Porree füllt den Platz zwischen den dicken Sellerieknollen, Kartoffeln und Dicke Bohnen wachsen gut zusammen, Dill mag Gurken, Erbsen und Bohnen können sich auch an Zuckermaisstängel anlehnen und eine Wurzelpetersilie passt überall noch rein. Statt Reihen in nackter Erde anzupflanzen, ist bei einer gesunden Mischkultur alles wie mit lebendigem Mulch gut bedeckt, Hitze und Starkregen werden wie von einem Softshellmaterial abgepuffert.

Mischkultur ist keine neue Erfindung. »Drei Schwestern« heißt zum Beispiel die Mischung aus Kürbis, Mais und Bohnen, die amerikanische Ureinwohner schon vor Tausenden von Jahren angebaut haben: Der Mais ist die Kletterstange für die Bohnen, die Wurzelbakterien der Bohnen produzieren Stickstoff, den Mais und auch der Kürbis viel und gerne nehmen. Der Kürbis breitet sich aus, sein dichtes Blattwerk wirkt wie lebendiger Mulch.

Wem damit nicht so wohl ist, alles bunt durcheinander anzubauen – Natur hin oder her –, bleibt bei geordneten Saatreihen; und mischt Blumen und Kräuter ins Gemüse: Ringelblumen, Studentenblumen, Sonnenblumen, Kapuzinerkresse. Das lockert die Reihen nicht nur optisch auf, sondern ist auch Insektenweide und Vogelfutter. Bohnenkraut hält zudem Läuse von den Bohnen fern, Salbei, Thymian und Minze den Kohlweißling. Schnittlauch bewahrt ähnlich wie Knoblauch die Erdbeeren vor Grauschimmel.

Amsel, Drossel, Fink und Star ...

... sind nicht unbedingt noch alle Zugvögel wie im Kinderlied, sondern teilweise auch rund ums Jahr bei uns. Andere Arten kommen schon früher als sonst aus den Winterquartieren oder finden die Natur schon viel weiter vor, wenn sie aus dem Süden zurückkommen. Dann sind womöglich schon alle Nistplätze von den Daheimgebliebenen besetzt. Damit früh brütende Arten wie zum Beispiel Meisen nicht schon gleich alle Wohnungen unter sich aufteilen, hängen Sie Nistkästen deshalb besser nach und nach auf. Dann finden auch Arten, die erst spät im Frühjahr loslegen, wie Trauerschnäpper, noch eine Bleibe.

Aus Sicht der Vögel sind Gärten sehr wichtig. Die freie Landschaft, ihr eigentlicher Lebensraum, existiert fast gar nicht mehr. Die Landwirtschaft braucht große Felder, die gut mit Maschinen zu befahren sind – Hecken stören da nur, »Unkraut« und »Ungeziefer« sowieso. Die Vögel finden zu wenig zu fressen, Höhlen und Ecken zum Nisten sind auch rar. Morsche Bäume mit Löchern und loser Rinde werden gefällt, weil sie unwirtschaftlich sind und Spaziergängern gefährlich werden könnten. Laub wird überall weggesaugt und weggepustet, baufällige Häuser werden abgerissen oder saniert, die kleinste Lücke in Mauern und Dächern wird aus Wärmeschutzgründen zugedämmt. Den Gefiederten unseren Garten so einladend wie möglich zu gestalten, ist deshalb absolut enkeltauglich.

Fluch und Segen: Mildere Temperaturen sind gut für die Obsternte, auch Südfrüchte und besonders Feigen wachsen hierzulande gut und ertragreich. Wer einen Feigenbaum im Garten an einer geschützten Stelle anpflanzt, nutzt den Klimawandel und tut gleichzeitig etwas dagegen: Von weither importierte Früchte muss man dann nicht mehr kaufen.

Grünabfälle bitte nicht verbrennen

Das im Schnittgut gespeicherte CO_2 ist damit sofort in der Luft, Feinstaub kommt noch dazu. Besser ist es, Holz, Reisig und Grünzeug langsam verrotten zu lassen. Am Ende stehen die Nährstoffe dem Kreislauf wieder zur Verfügung.

Noch mehr Gärtnern für die Zukunft

- **Gartenmöbel:** Keine Tische und Stühle aus unzertifiziertem Tropenholz kaufen, klar. Aber auch FSC-Holz wächst häufig auf Plantagen, für die mal der Urwald gerodet wurde, und Plantagen sind Monokulturen mit allen negativen Erscheinungen der Intensivlandwirtschaft von Pestiziden bis Wasserverbrauch. Eukalyptus schneidet dabei besonders schlecht ab. Robinie ist eine gute Alternative, ein Baum, der in Europa wie Unkraut von alleine wächst, mehr als uns lieb ist. Kunststoff hält ewig, ist aber Plastik und verbraucht viele Ressourcen bei der Produktion. Aluminium ist energieaufwendig zu produzieren, aber langlebig und wiederverwertbar. Perfekt ist also nichts. Das Entscheidende ist: die Möbel lange zu nutzen und gut zu pflegen. Weniger ist mehr.
- **Steine:** Ob Eidechsenburg, Gartenweg oder Trockenmauer, Terrasse oder Vorgartenplatz, ein Garten braucht zwar weniger als man denkt, ganz ohne Steine geht es aber nicht. Die erste Wahl sind welche aus der Region: Das passt auch oft optisch in die Gegend und Sie können einigermaßen sicher sein, dass sie ohne Raubbau der Umwelt und Ausbeutung der Steinbrucharbeiter produziert worden sind. Besonders hübsche und günstige Steine stammen oft aus Ländern, in denen Arbeit nichts kostet und niemand auf Arbeits- und Umweltschutz achtet. Auch Kinderarbeit ist in der Steinbranche üblich, ebenso Schuldknechtschaft.

Ein Garten für Kinder und Enkel

Rutsche, Plastikspielhäuschen, Trampolin und Schaukelgestell, so sieht ein typischer Garten aus, in dem Kinder leben. Ökologischer und enkeltauglicher geht es anders und eigentlich viel einfacher. Und besser für die Kinder ist es außerdem, wenn nicht alles vorgefertigt ist.

Was Kinder wirklich brauchen

Alle Erfahrungen und auch Studien zeigen, dass die üblichen Spielgeräte im Garten immer nur wenige Minuten am Stück genutzt werden und erlebnisreiches Spielen damit kaum möglich ist. Dafür brauchen Kinder natürliche Materialien und Möglichkeiten. Das passt perfekt zum umweltgerechten Gartenleben: Kinder möchten Sand, viel Sand,

keine 2×2-Meter-Kiste; dann backen nicht nur die Kleinen ihre Küchlein, sondern auch 12-Jährige buddeln noch mit Hingabe. Dann: Wasser. Ob aus Eimern und Wannen oder aus einer eigenen Schwengelpumpe – egal. In trockenen Sommern ist natürlich Sparsamkeit von Nöten, andererseits nimmt das kostbare Nass ja nur einen Umweg übers Spielfeld, bevor es im Garten versickern kann. Was noch? Kies, große Steine, schwarze Erde und die Erlaubnis, alles vermischen und von hierhin nach dorthin tragen zu dürfen. Dafür brauchen die Kinder Eimer, Becher, Schippen und Schaufeln. Alte Küchen- und Gartengeräte statt neuer Plastikteile aus dem Baumarkt reichen völlig und sind viel besser. Mit ein paar Brettern, Baumwurzeln und Holzklötzen ist das Gartenmobiliar dann komplett – sie können immer wieder neu kombiniert und benutzt werden: als Balancierparcours, Wippe, Rutsche oder Kastanienkullerbahn oder zusammen mit Decken, Stangen, Planen, Wäscheklammern als Zelt, Bude oder Burg. Und statt Planschbecken finden alte Zinkwannen neue Verwendung und ein Haufen Astschnitt wird zum Trampolin.

Natürliches Spielzeug

Viele Pflanzen laden direkt zum Spielen ein: der Wollziest mit seinen flaumigen Blättern und den wolligen rosa Blütenbällchen oder das Hasenschwanzgras mit seinen dicken Ährenpuscheln. Kornblumen produzieren blaue Fächerblüten, Beinwell rosa Glöckchen. Der Mondtaler bildet mit seinen flachen Schoten tolles Spiel- und Bastelmaterial. Gänseblümchen, Glockenblumen, Glücksklee oder Venusfliegenfalle, sie alle bieten Spielspaß und Naturerlebnis unterschiedlichster Art. Sogar Pflanzenfarben lassen sich aus den Blüten pressen und an Ort und Stelle zum Malen nutzen. Auf Frauenmantelblättern sammelt sich wunderschön der Tau, die Blütenhüllen

der Lampionblumen werden im Herbst und Winter zu kleinen Schmuckstücken. Die Früchte der Großen Kletten haften aneinander und lassen sich fantasievoll verbasteln. Aus Klettenlabkraut entstehen tolle Kränze. Mit Pflanzen, die sich Flugsamen, Streudosen oder Katapulte wachsen lassen, um ihre Samen zu verbreiten, können sich Kinder stundenlang beschäftigen, vom Mohn bis zum Löwenzahn. Und wer am Sandkastenrand Nachtkerzen ansiedelt, hat sogar eine Blumenuhr: Wenn sie ihre Blüten öffnen, ist es Zeit, aufzuräumen und zum Abendessen reinzugehen.

Und wenn die lieben Kleinen groß werden …

… wird der Sandkasten zum Lebensraum für Tiere. Bodennistende Insekten wie Sandbienen, Ameisen oder Käfer werden sich dort wohlfühlen, vielleicht auch Eidechsen oder Blindschleichen, die auf Nahrungssuche gehen. Ist der Sand trotz des Spielbetriebs für den Niströhrenbau der Insekten zu fein, können Sie noch lehmigen Sand darunter mischen. Spatzen und andere Vögel lieben den Sand für ihre Bäder ebenfalls. Sie können den Sand locker bewachsen lassen, mit allem, was es sandig, hellsonnig und nährstoffarm mag: Kräuter, Heidekraut, Sommerblumenmischungen. Wichtig ist nur, dass er nicht zuwuchert. Dann kommt kein Licht an die Kinderstuben der Tiere und der Boden wird zu humos. So ein Sandbeet können Sie natürlich auch anlegen, wenn Sie keinen Sandspielplatz haben.

Natürlich spielen, aber sicher

Ein Garten sollte Kindern einen »sicheren Rahmen« bieten, sie dürfen sich nicht ernsthaft verletzen oder in Gefahr bringen. Blaue Flecken, Dornenkratzer und Magengrummeln wegen reichlich konsumierter Kirschen sind allgemeine Lebensrisiken, vor denen wir sie nicht bewahren können und womit wir im Gegenteil ihre Lebenserfahrung fördern. Kinder unter vier Jahre sollten wir immer im Blick haben – aber nicht gleich eingreifen, verbieten und vermeiden. Stattdessen kontrolliert den Umgang üben, ob sie nun die Gartenmauer erklimmen oder mit Schnitzmesser und Feuer hantieren.

Wichtig ist aber:

- Keine Pflanzen im Garten, die schon in kleinen Mengen hochgefährlich sein können: Eibe, Goldregen, Seidelbast, Eisenhut, Zaunrübe, Fingerhut, Herbstzeitlose, Lupine, Maiglöckchen und die verschiedenen Schierlingsarten.
- Wasser im Garten kindersicher abdecken oder einzäunen. Je kleiner das Kind, desto gefährlicher sind auch kleine Wasserstellen wie Regentonnen oder Vogeltränken.
- Kletterbäume und alle anderen Stellen, wo es hoch hinausgeht, brauchen weichen Untergrund, also Gras, Sand, Mulch, es darf unter ihnen keine harten Kanten oder herausstehende Wurzeln geben. Man landet dann immer noch nicht wirklich sanft, aber schwere und schwerste Verletzungen werden vermieden.

Schön, aber extrem giftig: Eisenhut

»Der junge Mensch braucht seinesgleichen – nämlich Tiere, überhaupt Elementares, Wasser, Dreck, Gebüsche, Spielraum. Man kann ihn auch ohne das alles aufwachsen lassen, mit Teppichen, Stofftieren oder auch auf asphaltierten Straßen und Höfen. Er überlebt es, doch man soll sich nicht wundern, wenn er später bestimmte soziale Grundleistungen nie mehr erlernt.«

ALEXANDER MITSCHERLICH

So klappt es auch mit dem Nachbarn

Urbane Gärten sind hip, Upcycling, Secondhand, Leihen, Teilen und DIY sowieso. Um in diesem Geist zu gärtnern, müssen Sie nicht in einer Großstadt wohnen. Das klappt auch auf dem Dorf und in der Kleingartenanlage. Wichtig ist nur, Gleichgesinnte zu finden und die Gemeinschaft zu pflegen.

Maschinen teilen, Freunde treffen

So einige Gartengeräte braucht man – wenn überhaupt – maximal zweimal im Jahr, viele andere auch nur ab und zu. Warum also nicht teilen? Sharing ist der neue Trend und ressourcenschonend auf jeden Fall. Früher war das in der Nachbarschaft selbstverständlich, heute müssen Sie schon etwas offensiver sein. Viele Dinge kann man im Baumarkt ausleihen, außerdem gibt es Firmen oder Vereine, die sich aufs Teilen spezialisiert haben. Sie können es aber auch »einfach so« organisieren. Haben Sie gut ausgestattete Mitgärtnerinnen und Mitgärtner in der Nachbarschaft oder im Bekanntenkreis, sprechen Sie diese gezielt an. Klären Sie vorher, wie Sie mit Leihfristen und eventuellen Schäden umgehen wollen, je mehr Menschen mitmachen, desto wichtiger ist das. Einen Tauschring kann man über professionelle Nachbarschaftsplattformen oder soziale Medien auf die Beine stellen, und sicherlich gibt es auch in Ihrem Ort Vereine, die sich bereits mit Gemeinschaftlichkeit beschäftigen, ob nun offene Treffpunkte, die Freiwillige Feuerwehr, Repaircafés und Makerspaces – Orte, an denen sich Gleichgesinnte Räume, Maschinen und Ideen teilen. Dort treffen sich vielleicht nicht nur Menschen mit grünem Daumen, aber wenn jemand mit technischem Verständnis aus einem Fahrrad nach einer Anleitung im Internet einen Häcksler bastelt oder Ihren Handrasenmäher wartet und dafür Erdbeermarmelade und dicke Kürbisse bekommt, ist allen geholfen.

Weniger Werkzeug, mehr Gärtnern für die Zukunft

Welche Geräte werden überhaupt gebraucht? Laubsauger, elektrische Heckenschere, Rasentrimmer, Mähroboter und Holzhäcksler, Sprinkleranlagen und sogar Schubkarren mit Elektromotor, es gibt nichts, was es nicht gibt. Vieles ist unnötig bis unsinnig, und das, was noch bleibt, geht fast immer auch mit Muskelkraft. Der Vorteil für die Natur: Mit diesen Handgeräten kommt man nicht bis in die letzte Ecke des Gartens oder nur sehr mühsam – und lässt es dann doch lieber sein. Tiere behalten so ihre Rückzugsorte, Futterplätze und Winterquartiere. Und für die Menschen ist Muskeleinsatz auch gesund und preiswerter. Alles, was doch nötig ist – Spaten, Hacke, Rechen, Besen, Eimer und Schubkarre, eventuell eine Sense, ein, zwei gute Scheren –, kaufen Sie so wenig wie möglich neu und wenn, dann aus einem langlebigen Material. Auch wenn diese Geräte bei ihrem Gebrauch keine Energie verbrauchen und keinen Lärm und keine Abgase produzieren, bei der Herstellung durchaus.

Gut gepflegt, lange erhalten

Pflegen Sie Ihr Werkzeug gut, denn in guten Werkzeugen stecken viel Arbeit, Wissen und viele Rohstoffe der Natur, und so sollten sie auch sorgsam behandelt werden. Entfernen Sie Erde und Pflanzenreste nach Gebrauch, wischen Sie alles feucht ab und lassen es trocknen, ölen Sie die Holzteile regelmäßig, schärfen Sie Scheren und Spaten, Sensen und Sicheln. Achten Sie nicht nur auf Qualität, sondern auch auf die Möglichkeit zur Reparatur: Bei einem Holzrechen kann die Zinke ersetzt werden, wenn sie abgebrochen ist, bei einem Rechen aus Metall oder Plastik nicht. Gute Gartenscheren sind teurer, aber Ersatzteile können nachgekauft werden.

Nachbarschaftlicher Lebensraum

Nicht nur beim Thema Gerätschaften sollten Sie versuchen, gemeinschaftlich zu gärtnern. Auch beim Thema Lebensraum. Ihr Garten ist ja – in den meisten Fällen – keine isolierte Insel, sondern in der Regel nur ein künstlich durch Zaun, Mauer oder Hecke abgetrennter Teil der restlichen Umgebung.

Leben Sie tatsächlich in einer Oase inmitten einer Betonwüste, ist Ihr Garten besonders wichtig. Als Refugium für alle möglichen Arten, als sogenanntes Trittsteinbiotop. So nennen Fachleute das Konzept, mit dem Tiere und Pflanzen in unserer aufgeräumten Kulturlandschaft von natürlichem Lebensraum zu natürlichem Lebensraum gelangen können, wie wir Menschen mit Trittsteinen über einen Fluss. Irgendwo gelegene große Naturschutzgebiete nützen wenig, wenn zwischen diesen kein Austausch stattfinden kann.

Leben Sie in der Fülle und grünt und blüht es um Sie herum, umso besser. So können alle Gärten zu einem großen werden, ein Mosaik aus vielseitigem Lebensraum. Hat Ihr Nachbar einen Teich? Dann können Sie den Fröschen, Kröten und Molchen bei sich schattige Ecken für den Sommer und Laub und Äste für den Winter bieten. Haben Sie viele alte Bäume voller Höhlen und Nistkästen, hat Ihre Nachbarin hoffentlich Vogelfuttersträucher angepflanzt. Achten Sie darauf, kleine Lücken im Zaun zu schaffen, damit Igel oder Eidechsen auch von Grundstück zu Grundstück gelangen können. Auch Amphibien brauchen freies Geleit, wenn sie sich im Frühjahr zu ihren Laichgewässern aufmachen.

Auch Begeisterung lässt sich teilen

Haben Sie kritische Nachbarn, Vermieter, Mitgärtnerinnen? Dann überlegen Sie sich ausreichend gute Argumente, für Ihr ökologisches Engagement gegen Laubsauger und Co.: weniger Arbeit, weniger Kosten, mehr Zeit, mehr Ruhe. Und fangen Sie einfach an, alleine oder eben mit denen, die Interesse haben. Besser als zu missionieren und gebetsmühlenartig die möglichen Sorgen der ordentlichen Nachbarn zu entkräften und anzuprangern oder schadenfroh auf eigene Erfolge zu verweisen, ist es, Spaß und Freude mit Ihrer Art des Gärtnerns zu haben und ein gutes Vorbild zu sein. Ihre Begeisterung wird irgendwann in Nachbars Garten überschwappen – und auch der eine oder andere Samen schöner Blütenpflanzen wie Akelei und Mohn.

Nicht alle haben das Glück, einen eigenen Garten zu besitzen. Gemeinschaftlich eine öffentliche Fläche zu beackern, die bislang brach gelegen hat, oder ein Beet in einem Saisongarten zu mieten, bringt Gleichgesinnte zusammen. Dabei können nicht nur Gartengeräte und Setzlinge ausgetauscht werden – durch persönlichen Kontakt wächst das Verständnis für andere Kulturen und Lebensweisen.

Wohnungsbau für Gartentiere

Auch wenn zum Winterende noch nicht viel zu sehen ist, bald geht es im Garten los. Vögel und Hummelköniginnen suchen Nistplätze, Schmetterlinge erwachen aus der Winterstarre, Igel aus dem Winterschlaf, Raupen werden sich entpuppen und Kröten und Co. sind unterwegs. Gärten sind für alle ideale Wohngebiete, die Sie mit wenig Aufwand noch viel attraktiver gestalten können.

Haufenweise Lebensräume

Dass unsere wilden Tiere in der freien Natur oft nicht gut klarkommen, weil es kaum noch freie Natur gibt, weiß mittlerweile jedes Schulkind, hat es doch bestimmt mal Nisthilfen gebastelt: Igelburgen, Krötenhäuser, Insektenhotels, Florfliegenkästen und Ohrenkneifertöpfe. Ideen und Bauanleitungen gibt es mittlerweile zuhauf, eine witziger und origineller als die andere. Leider sind viele nur gut gemeint, statt gut gemacht, und allzu oft werden weder Insektenhotel noch Vogelnistkasten angenommen. Die gute Nachricht: Sie müssen gar nicht zimmern und hämmern, aus Gartenabfällen wie Ästen, Laub und Steinen lassen sich bessere Lebensräume machen. Egal, ob Sie besondere Steine suchen und aufeinanderschichten oder das unterschiedliche Material, das Sie bereits haben, lose anhäufen. Gerade so ein Einmal-von-allem-Haufen isoliert schön und schafft vielfältige Rückzugsorte, von kleinen Schlupfwinkeln für Spinnen und Käfer über feuchte Ecken für Molche, Frösche und Kröten bis zu größeren Höhlen für Spitzmäuse, Igel und Co. Und es kommen nicht nur die Tiere. Jeder solcher Haufen ist auch ein Lebensraum für Pflanzen, Moose, Pilze, Farne und Flechten, die den Haufen bewachsen und wiederum Nahrung für noch mehr Tiere bieten. Ein Haufen aus Naturmaterialien bietet so eine Vielfalt an Möglichkeiten für Lebensräume, die eine Igelburg, ein Florfliegenkasten oder ein Vogelhäuschen alleine niemals haben werden. Selbst wenn Sie mehrere davon in den Garten integrieren.

Lage, Lage, Lage

Nisthilfen werden kaum ein Tier anlocken, wenn der Garten ansonsten trist, öde und gefährlich ist und außer Kiesflächen, gestutztem Rasen, ein paar Rabatten sowie Thuja und Kirschlorbeer nichts zu bieten hat. Wichtiger als Wohnungen zu zimmern, zu basteln und zu töpfern ist, fürs Fressen zu sorgen:

- Entscheidend für das Futterangebot rund ums Jahr ist, dass Sie weniger exotische Ziergewächse und mehr Heimisches pflanzen, denn auf diese sind Wildbienen, Schmetterlinge, Schwebfliegen und Co. seit Jahrhunderten eingestellt, zum Teil spezialisiert. Ungefüllte Blüten sind pollen- und nektarreich, und auch die etwas pummeligeren Vertreter wie Hummeln und Käfer kommen hinein und an die Nahrung.
- Wichtig ist, dass schon im zeitigen Frühjahr genug in Ihrem Garten blüht, Krokusse, Schneeglöckchen, Traubenhyazinthen und Schlüsselblumen beispielsweise.
- Eine weitere Versorgungslücke ist der späte Sommer und der Herbst, daran sollten Sie in der Pflanzzeit denken und mediterrane Kräuter, Flockenblumen, Astern und andere spät- und langblühende Arten pflanzen.
- Setzen Sie auf heimische Wildpflanzen. Was meist als Unkraut gilt, bietet sich wie von alleine an, ohne dass Sie als Gärtnerin und Gärtner groß aktiv werden müssen. Löwenzahn bietet Nektar und auch viele Vögel fressen liebend gerne die Samen. Vogelmiere blüht unermüdlich, Disteln sowieso, Dolden wie Wilde Möhre oder auch Giersch sind Blütenwolken voller Nektar, Pollen und später auch Samenkörnchen, Brennnesseln sind wichtiges Raupenfutter.
- Wildrosen, Kletterrosen und auch Bodendeckerrosen blühen lange und reichlich und bilden Hagebutten.

Ungeziefer? Gibt's nicht

Im Garten gibt es neben all den süßen und »nützlichen« Lebewesen eine Menge Arten, die auch naturverbundene Menschen an ihre Toleranzgrenzen bringen. Blattläuse, Wühlmäuse und Nacktschnecken, Wespen, Zünsler, Mücken oder was Ihnen als Ihr persönlicher Lieblingsfeind einfällt, vielleicht die Zecken? Allerdings ist keine Tierart von Natur aus böse, jede hat ihre Rolle im Ökosystem. Statt »Ungeziefer« mit allen Mitteln zu bekämpfen, ist es viel besser und effektiver, das biologische Gleichgewicht im Garten zu fördern. Das tut auch den sogenannten Nützlingen viel Gutes und in einem artenreichen Garten voller Leben fallen ein paar Rowdys gar nicht auf. Wespen nerven, aber sie fressen Buchsbaumzünslerraupen – die auch eine gute Nahrung für Spatzenkinder sind. Marienkäfer brauchen Blattläuse und aus Raupen, die auf Brennnesseln gut gedeihen, werden wunderschöne Schmetterlinge.

Sicherheit im Tier-Garten

- Fressen und gefressen werden, das ist in der Natur nun mal so. Aber wer seinen Garten den Tieren als Lebensraum anbietet, sollte ihnen zumindest eine faire Chance geben, zu überleben, und verhindern, dass der Nächste in der Nahrungskette einfach nur zuzugreifen braucht. Hecken und Dornen um Nisthilfen und Haufen helfen kleinen Tieren, sich vor größeren Räubern zu verstecken. Maschendraht auch: Die Kleinen können rein und raus, die Großen müssen draußen bleiben.
- Ein in unterschiedlichen Höhen bepflanzter Garten mit offenen, sonnigen Stellen, niedrigen Stauden, Büschen und Bäumen ist abwechslungsreich und bietet jede Menge Verstecke. Mit Stauden, Sträuchern, Holzstücken, Steinen, Laub und nicht gemähten Rasen- und Wiesenstreifen können sich die Kröte, die Eidechse, das Mäuschen und allerlei anderes Getier nach ein paar Schritten wieder verstecken.
- Teiche brauchen einen Flachwasserbereich, auslaufend wie an jedem Strand. Wannen und Becken sichert man am besten mit einer Treppe aus Steinen, die so gestapelt sind, dass sie aus dem Wasser bis an den Rand führen. Igel, Vögel oder Mäuse würden sonst in den oft glattwandigen Gefäßen ertrinken. Auch ein Holzbrett, wie eine Rampe hineingelegt, funktioniert gut. Deckel von Regentonnen und Brunnentrögen sollten fest geschlossen sein, auch das Fallrohr sollte gesichert werden, sodass von oben niemand versehentlich von der Dachrinne in die Regentonne rutscht und dort jämmerlich ertrinkt. Decken Sie auch kleine Gefäße wie Eimer oder Gießkannen ab und legen Sie Steine in Vogeltränken als Landeplätze für Insekten.
- Lichtschächte und Treppen können ebenfalls zur Falle für Tiere werden. Ein langes Brett, etwa 20 cm breit, wie eine Rampe in den Kellerschacht oder an den Rand der Treppe gelegt, genügt als Notausgang.

Wie aus Träumen Traumgärten werden

Vielleicht sind Sie noch gar nicht so weit, dass Sie so richtig loslegen können, weil Ihr Garten noch ein leerer, zerwühlter Bauplatz ist oder Sie frisch eingezogen sind? Oder vielleicht haben Sie nur eine Parzelle im Kleingartenverein, die Sie nun Schritt für Schritt und ein bisschen undercover vom akkuraten Laubenpieperheim in einen enkeltauglichen Naturgarten umwandeln möchten?

Gute Planung ist die halbe Arbeit

Machen Sie eine Bestandsaufnahme vom Garten oder von dem Bereich, den Sie umgestalten möchten: Die Grundstücksumrisse, Haus, Bäume, Beete, Hügel, Senken, Zaun, Mauer oder Hecke, wo ist Sonne, wo Schatten, wo sammelt sich Wasser? Mauern, Gartenhäuschen … Und vom Drumherum, wenn es markant und wichtig ist: die große Buche gegenüber, der Kirchturm oder die hässlichen Garagen der Nachbarschaft. Und klären Sie die Wachstumsverhältnisse: Ist der Garten sandig, lehmig, kalkreich oder sauer, feucht oder trocken? Auch Ihre Pflanzen können Sie katalogisieren, wenn schon welche da sind. Dann brauchen Sie Ideen, wenn Sie noch keine haben, aus Büchern oder Zeitschriften. Andere Gärten oder auch Parks und die Natur selber sind tolle Ausstellungsflächen. Und auch in den sozialen Medien finden Sie sicher viele inspirierende Beispiele. Notieren Sie auch ruhig das, was bei Ihnen vor dem inneren Auge erscheint, wenn Sie »Traumgarten« hören: Osterglocken unterm blühenden Apfelbaum, Efeu, Moos und Buschwindröschen, ein Wiese voller Gänseblümchen, Mohn und tanzender Schmetterlinge; Sommertage auf der Liege, die Sonne im Nacken, die Katze auf dem Schoß … Und dann schauen Sie, was davon möglich und sinnvoll ist. Es geht nicht darum, Pflanzpläne nachzuarbeiten und womöglich mit Düngern und Einsatz einer falsch platzierten Wunschpflanze zu helfen. Sondern: Was passt gestalterisch zu Ihrem Garten und wie können Sie es gestalten, damit es passt? Und dann entscheiden Sie sich, womit Sie starten, und machen eine Liste mit allem, was Sie brauchen – an Zeit, Helfern, Werkzeug, Material –, und machen einen Arbeitsplan. Das gilt genauso, wenn Sie sich nicht den ganzen Garten vornehmen, sondern ein bestimmtes Projekt, einen Teich oder eine Kräuterspirale, einen Totholzhaufen oder eine Blumenuhr auf dem Wunschzettel haben.

Die Mischung macht`s

Haben Sie schon einen Garten und nicht nur ein nacktes Grundstück, sollten Sie auch hier eine Bestandsaufnahme machen und schauen, was wächst, und ob und wie Sie heimische Blumen und Sträucher, Gräser und Kletterpflanzen ergänzen können. Ist der Garten noch recht leer, haben Sie die Qual der Wahl und vermutlich keine Ahnung, was wo am besten wächst. Ist das halbschattig, wenn dort über einen kurzen Zeitraum die Sonne scheint, sonst aber Schatten herrscht? Oder wenn den ganzen Tag diffuses Licht scheint, wie im Schatten von Bäumen? Ist Nachmittagssonne anders zu handhaben als Morgensonne? Und was ist mit dem kleinen Reihenhausgarten, der im Winter durch die umliegenden Häuser im Vollschatten liegt und von November bis Anfang Februar keinen einzigen direkten Sonnenstrahl bekommt, selbst bei schönstem Winterwetter? Im Sommer aber steht die Sonne hoch und brennt stundenlang auf die wenigen Quadratmeter. Wie ordnet man dies alles ein?

Ein Standort ist ja mehr als sonnig oder schattig, frisch oder trocken. Vielmehr haben wir es mit einem hochkomplexen System aus Kleinklima, Bodenart, Niederschlag, Bodenfeuchte, Konkurrenz um Nährstoffe sowie Sonneneinstrahlung und vielem mehr zu tun. Die passende Pflanze genau für diesen Standort zu finden, ist eine Wissenschaft für sich.

Alltagstauglich ist es, einfach eine Mischung aus verschiedenen heimischen pflegeleichten, robusten und selbstständigen Arten gleichzeitig auszusäen und zu pflanzen: Einjährige, die blühen und blühen und sich selbst wieder aussäen und im Boden darauf warten, dass sich die nächste Lücke zeigt, aus der sie sprießen können. Mehrjährige, die sich beharrlich, langsam, aber zuverlässig im Garten verbreiten; auf die Sie sich verlassen können, die immer da sind oder immer wieder kommen und aus den jeweils von Jahr zu Jahr sich verändernden Lebensbedingungen das Beste machen. Die passenden Pflanzen werden am besten zurechtkommen, und wenn sich die Sorten untereinander kreuzen, haben Sie vielleicht bald eine Sorte, die perfekt auf Ihren Garten eingestellt ist. Ihr Garten ist dann eine Wohngemeinschaft aus flexiblen Pflanzen und genau dadurch bleibt er stabil und grünt und blüht in jedem Fall.

Vorschlag für ein blühendes Starterpaket

Verschieden Arten und Sorten von Akelei, Erdrauch, Günsel, Mutterkraut, Vergissmeinnicht und Gedenkemein, Glockenblume und Malve, Storchschnabel, Aster, Brennnessel und Distel, Mohn, Kornblume und Kamille, Stockrose, Schmuckkörbchen, Schafgarbe, Walderdbeere, Minze, Thymian und Zitronenmelisse.

Gute Einstiegspflanzen: Schafgarbe und Glockenblumen

Secondhand-Material und getauschte Pflanzen

Von Anfang an den Garten üppig zu bestücken und zu gestalten, geht ins Geld. Gehen Sie deshalb mit offenen Augen durch die Gegend, fragen Sie herum: Wo wird renoviert, ein Haus abgebrochen, ein Garten gerodet, was davon können Sie übernehmen, Pflanzen und Steine, Möbel und Geräte? Durchforsten Sie die Kleinanzeigen, online oder in der Zeitung, oder geben Sie selber eine Anzeige auf. So findet man oft fast alles, was man an Pflanzen oder Material für ein Projekt braucht. Erkundigen Sie sich bei Naturschutzverbänden, dort kennen die Leute oft auch noch jemanden, der jemanden als Bezugsquelle kennt, der dann sogar mit Rat und Tat zur Seite steht.

Exoten und Neophyten …

… als Saisonware aus dem Discounter werden oft in großen Gärtnereien mit viel Dünger, Pestiziden und Energieaufwand hergestellt. Im Garten brauchen sie dann weiterhin intensive Zuwendung, Dünger und Co. Oft kennt die heimische Tierwelt sie außerdem nicht und findet bei ihnen nichts zu fressen. Manche hübschen Exoten benehmen sich im Garten auch noch ziemlich daneben und werden vom kleinen Exemplar zum drängelnden Ungetüm, wie Bambus oder Essigbaum, die nach wenigen Jahren überall ihre Triebe aus der Erde schicken. Informieren Sie sich am besten vorher, wen Sie da zu sich einladen wollen.

Auf ein paar besondere, nicht heimische Lieblingsblumen ganz zu verzichten, brauchen Sie aber nicht; die eine oder andere Diva hält es im Naturgarten erstaunlich gut aus und kann sich auch benehmen, andere weisen Sie in ihre Grenzen. Wenn Ihnen beispielsweise die Herbstfarbe eines Essigbaums seit Ihrer Kindheit am Herzen liegt, sperren Sie ihn in einen großen Kübel, wo er keinen Schaden anrichten kann.

Die Bepflanzung sollte nur nicht zu Lasten der Artenvielfalt gehen. Was Sie aussortieren, geben Sie bitte in die Biotonne. Nicht einfach über den Gartenzaun ins Gebüsch, so hat es schon so manche nicht heimische Art in die Wildnis geschafft. Zwar ist fast alles, was typisch ist für unsere Landschaft, irgendwann von irgendwo hierhergekommen, vom Schneeglöckchen bis zur Kornblume. Nach der letzten Eiszeit vor etwa 10 000 Jahren gab es bei uns nur ganz, ganz wenige Arten, das meiste war erfroren und weg. Heute wechseln Pflanzen aber mit dem Schiffs- und Flugverkehr in kürzester Zeit den Erdteil, immer schneller, immer mehr neue Arten. Manche fühlen sich in der neuen Bleibe so wohl, dass sie sich schnell und weit verbreiten. Einige werden zum echten Problem, weil sie gesundheitsschädlich sind, wirtschaftlichen Schaden anrichten oder drastisch die Natur- und Kulturlandschaft verändern – oder weil sie in der durch unsere Lebensweise und den Klimawandel veränderten Landschaft so durchsetzungsfähig sind, dass sie auffällig werden. Für die Tierwelt kommt dann einiges durcheinander, und bis Schmetterlingsraupen und bestäubende Bienen erkennen, ob und was man fressen kann, dauert es oft sehr lange. Zu den »invasiven Neophyten«, die durchsetzungsstark sind, gehören Arten wie das Drüsige Springkraut und Riesenbärenklau. Das gleiche Phänomen gibt es bei Tieren auch, »invasive Neozoen« nennt man sie, beispielsweise Asiatischer Marienkäfer und Nutria.

Steingärten statt Steinwüsten

Zeit haben wir meistens nicht zu viel. Und wer Zeit hat, will genießen, statt sich zu plagen, oder hat Rücken- und Gelenkprobleme, die die Gartenarbeit mühsam machen. Pflegeleicht ist das Zauberwort bei der Gestaltung. Ein Garten muss aber deswegen noch lange keine Wüste aus Schotter, sterilem Rasen und Kirschlorbeerhecke sein. Auch eine blühende Oase kann pflegeleicht und ein Kiesgärten artenreich sein.

Nicht die Steine sind das Problem

Die unter Naturgärtnern auch als »Gärten des Grauens« verschrienen Kiesgärten sind das nicht der Steine wegen. Kies und Steine können einen wunderschönen artenreichen Lebensraum bilden. Abzulehnen ist viel mehr, dass mit den Steinen genau das verhindert werden soll: Leben. Deshalb liegen dort Kies und Schotter nicht einfach auf der lebendigen Erde, sondern auf für Pflanzen undurchdringlicher Folie oder Vlies, manchmal sogar auf Beton. Steine ohne Bewuchs sind dann tatsächlich eine Wüste. Es ist dort trocken und heiß; und wenn es regnet, rauscht das Wasser über die versiegelte Fläche in Strömen in die Kanalisation, statt zu versickern und den Boden zu versorgen. Wächst doch mal was – und irgendwas wächst immer, so ist die Natur –, wird jedem Stück Grün sofort zu Leibe gerückt: mit Unkrautvernichter, Essig, dem Küchenmesser oder einem Abflammgerät. Das ist dann noch nicht mal pflegeleicht.

»Wie der Gärtner so der Garten.«

HEBRÄISCHES SPRICHWORT

Tote Steine zum Leben erwecken

Sie haben so eine Schotterfläche? Vom Vorbesitzer, weil der Vermieter es so will oder weil Sie es früher nicht besser wussten? Dann können Sie ganz leicht vieles besser machen. Räumen Sie einfach an einigen Stellen den Kies ab. Ins Vlies oder in die Folie schneiden Sie großzügig Löcher hinein. Frische magere Gartenerde einfüllen und pflanzen, was Sie mögen und was dorthin passt. Dann schichten Sie den Kies wieder zurück und vorsichtig um den neuen Bewohner herum.

Wenn Sie eine Fläche neu anlegen, ist es umso leichter, Schotter- und Kiesbeete richtig anzulegen und Lücken zu lassen, die mit Erde, Samen und Pflanzen gefüllt werden können. Beim Säen ist Kies etwas heikel: Fallen die Samen zu tief zwischen die Steine, haben insbesondere die Lichtkeimer nicht genug Licht; obenauf gibt es kein Substrat und der Wind würde ohnehin eine Menge wegtragen.

Für Kiesbeete sind Samenbomben perfekt. So geht's: Fünf Esslöffel lehmige Erde mit fünf Teelöffel Blumensamen von Akelei bis Mohn oder eine Mischung heimischer Pflanzen für den Steingarten gut vermischen. Einige Teelöffel Wasser dazu, nach und nach und so viel, bis ein fester Matschteig entstanden ist. Den können Sie dann einfach klecksweise im Kies verteilen. Oder Kugeln daraus formen – und an passenden Stellen fallen lassen. Wenn es nicht regnet, immer schön feucht halten.

Bei der Auffahrt, dem Stellplatz, der Terrasse und den Gartenwegen kommt es zwar auf die Trittfestigkeit an, aber auch hier gibt es Kompromissmöglichkeiten: Aus einer bestehenden Pflasterfläche nehmen Sie ein paar Steine raus, unauffällig, wenn es nicht ihr Eigentum ist. Eigene Investitionen planen Sie gleich mit großen Lücken oder ganz versiegelungsfrei. Für Parkplätze ideal sind Holzplanken oder Rasenfugenpflaster – die Sie keinesfalls mit Rasen befüllen müssen. Erde reicht und dann wird sich schon was einfinden, wenn es in Ihrer Nachbarschaft blüht, von Moos über Knöterich, Hornklee, Disteln, Mohn, Schafgarbe und Akelei, an den Rändern auch Fingerhut, Königskerzen oder Stockrosen. Nachhelfen können Sie mit speziellen Fugenmischungen aus einheimischen Wildpflanzensamen oder mit Saatgut von Einzelarten.

Auch mit Schotter, Splitt und Steinen können lebendige Gartenflächen geschaffen werden.

Je größer die Lücken, desto leichter hat es die Natur, sich in die Bauwerke der Menschen einzumogeln. Nicht nur Terrassen und Vorgärten, auch Mauern, Klinkerwände, Betoneinfriedungen und Terrassensockel lassen sich so nach und nach zumindest ein bisschen beleben. Lockern Sie einige Steine im gepflasterten Weg, verbreitern die Fugen, aber so, dass die Sicherheit gewährleistet bleibt. In der feinen Erde und dem Sand können Ameisen und andere kleine Erdbewohner einziehen, die helfen ebenfalls bei der Samenverbreitung. Ein Tipp ist die sogenannten Blumentopfmetode: Einige Pflanzen Ihrer Wahl setzen Sie in Töpfe und verteilen Sie auf der Fläche. Die Samen suchen sich das passende Plätzchen dann alleine, an dem sie dann bald wachsen und blühen.

Thymian aller Arten eignet sich für diese Flächen gut, er kommt mit Trockenheit und wenig Nährstoffen gut aus und ist in einem gewissen Maße trittfest – allerdings nicht immer besonders winterfest. Gut geeignet ist der auch als Küchenkraut verwendbare Quendel, auch

Feld-Thymian genannt *(Thymus pulegioides)*. Mit Steinquendel oder Bergminze *(Calamintha nepata)* funktioniert es ähnlich und gut oder mit Bohnenkraut und Lavendel.

Frühblüher von Osterglocke bis Traubenhyazinthe können Sie ebenfalls unter der Kiesschicht versenken. Weil es hier schön trocken ist, werden sich hier auch Wildtulpen besonders wohlfühlen.

Steine zu Steinhaufen

Garten entsiegelt – und jetzt sind Steine übrig? Schichten Sie diese an einer sonnigen, geschützten Stelle zu einem Haufen. Steine haben eine hohe Wärmespeicherkapazität und bleiben lange warm. Das mögen besonders Reptilien, und der Begriff »Eidechsenburg« passt perfekt zu Ihrem neuen Bauprojekt. Auch wenn natürlich viele andere Tiere einen Steinhaufen ebenso gerne als Versteck und Sonnenplatz nutzen.

Noch mehr Pflegeleichtigkeit im Garten

- Eine Wiese hat gegenüber einem Rasen viele Vorteile. Dass sie artenreicher ist und weder Gift noch Dünger braucht, sind die wichtigsten. Aber so eine richtige Blumenwiese macht durchaus auch Arbeit: Säen, Mähen, auch wenn es nur zweimal im Jahr ist, dann aber richtig. Vorschlag: Überlassen Sie das Rasengrün in Ihrem Garten einfach sich selbst, nicht mehr düngen, nicht mehr entmoosen und nicht vertikutieren. Mähen Sie nur, wo Sie sitzen oder laufen wollen. Auf kaputten Stellen – vom Planschbecken, von der Wühlmaus oder Trockenheit – säen Sie Schmetterlings- und Bienenfutterblumen oder warten Sie, welche Samen aus dem Rest des Gartens den Weg dorthin finden.
- Holz statt Steine: Befestigen Sie weniger häufig begangene Wege mit Mulch und Hackschnitzel, darauf läuft es ich angenehm, Wasser versickert schnell, ohne dass er glitschig wird. Und: Hackschnitzel sind Totholz und damit Lebensraum, viele Käferarten fühlen sich darin sehr wohl.
- Keine nackte Erde, das mag die Natur nicht, und sie nackt zu halten, erfordert viel Arbeit. Besser Bodendecker wie Frauenmantel, Storchschnabel oder Kräuter setzen, die sind oft immergrün und blühen schön. Diese Arten eignen sich auch als Umgrenzung von Gemüsebeeten oder anderen jahreszeitlichen Pflanzungen, geben diesen einen ordentlichen Rahmen, sodass Sie sich um den Rest der Ordnung gar nicht so kümmern müssen.
- Statt Zaun und Buchenhecke, die jedes Jahr gestrichen oder gestutzt werden müssen, setzen Sie eine frei wachsende Hecken aus Wildgehölzen mit Kornelkirschen, Liguster und Felsenbirne, Vogelbeeren, Holunder, Schlehen und Weißdorn. Für kleine Grundstücke werden auch kleinwüchsige Sorten heimischer Gehölze angeboten. Darauf sollten Sie achten, damit Sie nicht doch schneiden müssen.

Frühling lässt sein blaues Band ...

... wieder flattern durch die Lüfte, so heißt es im Gedicht von Eduard Mörike. Als Gärtner sehen wir den Frühling eher grün und bunt: Auf der Runde durch den Garten entdecken wir die ersten Schneeglöckchen, Blausternchen und Winterlinge. Haselsträucher blühen, Kornelkirsche und Zaubernuss auch. Wer leidenschaftlich gärtnert, den juckt es spätestens jetzt in den Fingern, loszulegen. Nur zu, vor allem, wenn Ihr Garten eher wenig blüht und noch ziemlich kahl ist. Stocken Sie das Blumenangebot mit Nachschub aus der Gärtnerei auf. Und schmieden Sie Pläne, was Sie wann säen und pflanzen, damit der nächste Frühling bunter wird. Achten Sie darauf, Pflanzen zu kaufen, die Nektar und Pollen bieten und dauerhaft in Ihrem Garten bleiben, weil sie sich selbst wieder aussäen. Umso seltener müssen Sie in den kommenden Jahren Pflanzen nachkaufen. Das freut auch die frühen Insekten, wenn sie gleich von Anfang an richtig viel zu futtern finden. Viele Insekten wiederum sind gut für die Vögel, gibt es dann doch genügend proteinreiches Futter für den Nachwuchs. Auch Kröten und Molche sind zeitig im Frühling unterwegs zu ihren Laichgewässern, Käfer, Spinnen und Florfliegen erwachen bei der ersten Wärme aus ihrer Starre. Wunderbar, sie alle an unserer Seite zu haben, wenn weniger beliebte Tierchen wie aus dem Nichts erscheinen: Blattläuse etwa. Besonders Spatzen sitzen oft in verlausten Rosensträuchern und picken in den Blättern. Und die Rose blüht trotzdem. Was Sie nicht machen sollten: zum Frühjahr gründlich klar Schiff im Garten. Denn überall sitzen Raupen, Puppen, Larven, Eier, die alle noch Käfer, Schmetterlinge und Schwebfliegen werden wollen.

Mit Rosenschere und Heckensäge

Warum die Pflanzen nicht einfach wachsen lassen, wie die Natur sie geschaffen hat? Wer üppige Blüten und eine reiche Ernte will, der muss ab und an zur Schere greifen. Viele Pflanzen wurden speziell gezüchtet, damit wir uns an ihren Blüten erfreuen oder Beeren und Äpfel ernten. Und oft gilt es, vor allem im kleinen Garten, die Hecke im Zaum zu halten – damit sie nicht so raumgreifend wird und es keinen Ärger mit dem Nachbarn gibt.

Kein Hausmeisterschnitt

Auch wer enkeltauglich gärtnert, kommt ums Schneiden von Gehölzen nicht herum. Aber wir machen es anderes: Wir schneiden nicht zu einem bestimmten Stichtag und entfernen nicht einfach alles, was wir mit der elektrischen Heckenschere erreichen können, damit wieder alles schön »ordentlich« aussieht. Sondern wir schneiden möglichst wenig, nur so viel wie nötig und so, dass die Gehölze nicht geschädigt werden. Sich Fachwissen aus Büchern oder in Schnittkursen anzueignen, hilft!

Schnittige Grundlagen

- Das Schnittwerkzug: Pflanzen sind Lebewesen. Genau wie Sie im Kosmetiksalon Fingerspitzengefühl und in der Zahnarztpraxis sauberes, sorgfältiges Arbeiten erwarten, sollten Sie dies auch Ihren Schützlingen angedeihen lassen – gutes Werkzeug und Hygiene sind die Grundvoraussetzungen. Schärfen Sie die Scheren vor dem Schneiden, umso glatter wird die Wunde, zerfetzte Stellen sind infektions- und fäulnisanfällig. Vor jedem neuen Schnitt das Werkzeug gründlich reinigen. Nicht bei großer Hitze und in praller Sonne schneiden, nicht bei Frost oder hoher Luftfeuchtigkeit, auch das begünstigt Infektionen.
- Der Zeitpunkt: Im zeitigen Frühjahr sind die Bäume und Sträucher oft noch nicht auf Touren und werden sie jetzt geschnitten, läuft nicht so viel Saft aus der Wunde. Frühblüher wie Flieder schneiden Sie nicht jetzt, sondern direkt nach der Blüte, damit sie im nächsten Jahr wieder früh am Start sein können. Und in jedem Fall immer schneiden, bevor die ersten Vögel mit dem Brutgeschäft beginnen.
- Rechtliches: Pflegemaßnahmen, also Form- und Pflegeschnitte, können prinzipiell das ganze Jahr durchgeführt werden, wenn keine Baumschutzsatzung oder Naturschutzgesetze oder örtliche Vorschriften es verbieten. Hecken, lebende Zäune und Sträucher in der Zeit vom 1. März bis zum 30. September radikal zu schneiden, ist allerdings verboten. Wer sich unsicher ist, erkundigt sich bei den örtlich zuständigen Stellen.

Manchmal muss der Profi ran

Bei den meisten Wildsträuchern kann man nicht viel falsch machen, selbst wenn man einen Fehler macht, erholen sie sich meistens im nächsten Jahr. Bei edlen Rosen und alten Obstbäumen, dem übergroß gewordenen Walnussbaum, dem Weinstock, der bis zum Dach wächst, aber auch bei Buchenhecken und Hortensien ist das etwas anderes. Hier fragen Sie besser Profis und lassen Sie diese anspruchsvolle Schnittmaßnahmen auch durchführen. Gerade wenn es in die Höhe geht, bleibt der Laie besser am Boden.

Rosenschnitt für Naturgärten

Eine Gartenregel besagt: Rosen werden dann geschnitten, wenn die Forsythien blühen. Dann sind kaum noch starke Fröste zu erwarten und die Rosen so weit aus dem Winterschlaf erwacht, dass Sie loslegen können. Forsythien sind in Naturgärtner nun nicht besonders gerne gesehen. Sie können sich genauso gut an der Blüte der Rosskastanie oder der Buschwindröschen orientieren.

Geschnitten werden die Rosen aus unterschiedlichen Gründen: Edelrosen brauchen den Schnitt, damit sie nicht ausufernd wachsen oder verkahlen und einen dicken Stamm bilden; andere Rosen, damit sie schön blühen oder im Herbst wieder reichlich Hagebutten bilden können. Viele Bodendeckerrosen oder Kleinstrauchrosen dagegen brauchen keinen bestimmten Schnitt, da reicht es, vertrocknete, erfrorene, überkreuz wachsende oder von Krankheiten befallene Äste wegzuschneiden: recht großzügig bis ins gesunde Holz und, wenn nötig, auch bis zum Boden schneiden. Besonders praktisch sind natürlich Wildrosen, die wachsen tatsächlich so, wie die Natur sie geschaffen hat, und werden nicht jedes Jahr zurückgeschnitten, nur wenn sie Ihnen zu groß werden. Ähnliches gilt für die Ramblerrosen. Sie werden nur ab und an ausgelichtet: Das heißt, ein oder mehrere Haupttriebe, die älter sind als fünf Jahre, werden direkt über dem Boden herausgeschnitten. Allerdings blühen Rambler und Wildrosen an den letztjährigen Trieben und werden deshalb im Herbst geschnitten. Würden Sie es jetzt im Frühjahr machen, fiele die Blüte in diesem Jahr aus.

Wohin mit dem Schnittgut?

Machen Sie aus Ästen und Zweigen einen Haufen, der je nach Größe Käfern und Spinnen, Fliegen und Faltern, Spitzmäusen und Igeln, Amphibien und Reptilien Wohnraum sowie vielen anderen Krabbeltieren Nahrung bieten kann. Wichtig beim Stapeln: Es soll einerseits schön dicht und auch stabil werden, gleichzeitig sollen sich aber viele schön unterschiedliche Hohlräume bilden, die als Wohnungen, Flure und Eingänge dienen. Kombinieren Sie die Äste deshalb auch gerne mit Laub und Steinen. Haben Sie nur wenig, ist das Schnittgut schön zerkleinert auf dem Kompost am besten aufgehoben. Ganz dicke Äste lassen Sie einfach als Totholz liegen. Haben Sie viel Schnittgut oder wenig Platz, dann häckseln Sie das Schnittgut. Mulch oder Hackschnitzel kann man im Garten immer gebrauchen, außerdem ist ein Haufen aus Holzhäcksel ein wahres Käferkinder-Paradies. Viele Arten brauchen moderndes Holz als Babynahrung. Besser gesagt: ihre Larven. Mit Hackschnitzeln können Sie auch Ihre Gartenwege anlegen oder diese rund um die Spielgeräte als Fallschutz verteilen, wenn sie keine spitzen Materialien enthalten. Den Tieren ist es verhältnismäßig egal, ob jemand auf ihren Köpfen herumtrampelt. Mit etwas Glück siedelt sich sogar der seltene Hirschkäfer an.

> *»Die Natur hat lieber jemanden, der sich mit einem fruchtbaren Garteneinfall aus der Hängematte erhebt, als jemanden, der den ganzen Tag ohne Einfall im Garten umherrast.«*
>
> KARL FÖRSTER

Wer früher sät, kann länger ernten

Der Garten blüht, aber bis zum Sommer ist es noch weit. Im Haus können Sie Frühlings- und Sommerblumen vorziehen, dann bekommen Ihre Insekten früher bunt blühendes Futter. Auch für alle, die früh den Sommer im Garten haben und reichlich Gemüse ernten wollen, beginnt die Gartensaison im zeitigen Frühjahr: auf der Fensterbank oder im Gewächshaus.

Preiswert und plastikfrei

Fürs Vorziehen gibt es im Gartenmarkt allerlei Utensilien, aber nicht immer sind all die Töpfe, Torftaler, Schalen und Becher praktisch – und enkeltauglich. Wenn man viele davon braucht, wird es außerdem schnell teuer. Gesammelte Werke wie Joghurt- oder Frischkäsebecher lassen

Plastik vermeiden: ganz einfach mit Anzuchttöpfchen aus Packpapier und Eierkarton.

sich stattdessen nutzen. Noch besser sind Töpfe aus kompostierbarem Material, sie haben einen entscheidenden Vorteil: Die kleine Pflanze kann samt Erde und Töpfchen ins Beet ziehen – das spart einen Arbeitsgang und schont die zarten Wurzeln. Gut geeignet sind ausgediente Eierkartons. Diese werden beim Pflanzen lediglich auseinandergeschnitten und am Boden mit einem Loch versehen, damit sich das Gießwasser nicht staut. Auch leere Toilettenpapierrollen sind praktisch. Schneiden Sie diese an einer Seite fünf- bis sechsmal bis knapp zur Mitte ein. Diese Streifen nach innen einfalten und so zurechtdrücken, dass ein schöner Boden entsteht. Fertig ist das Töpfchen. Auch in halbierten Eierschalen lassen sich kleine Pflänzchen vorzüglich vorziehen.

Professionelles Paperpotting

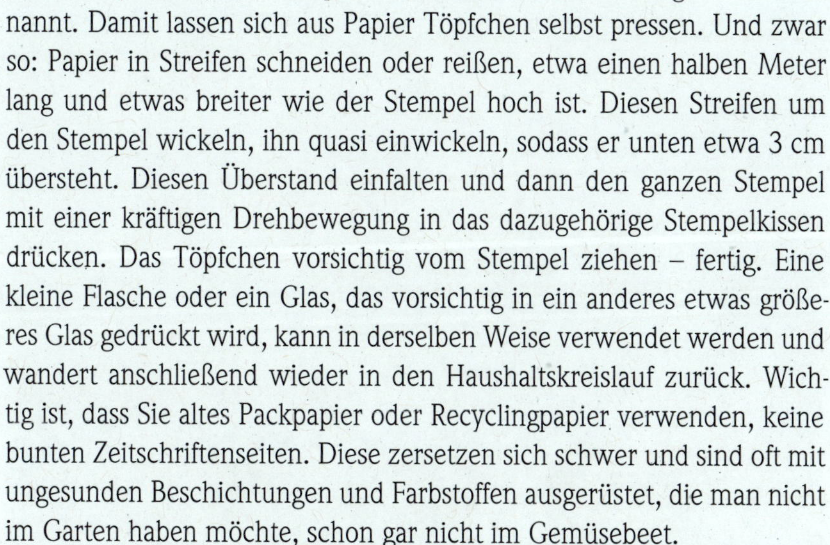

Wer mehr Töpfchen benötigt, als Eierkartons und leere Klorollen im Haus sind, dem sei die Anschaffung einer Papierpresse empfohlen, auch »Paper Potter« oder »Pot Maker« genannt. Damit lassen sich aus Papier Töpfchen selbst pressen. Und zwar so: Papier in Streifen schneiden oder reißen, etwa einen halben Meter lang und etwas breiter wie der Stempel hoch ist. Diesen Streifen um den Stempel wickeln, ihn quasi einwickeln, sodass er unten etwa 3 cm übersteht. Diesen Überstand einfalten und dann den ganzen Stempel mit einer kräftigen Drehbewegung in das dazugehörige Stempelkissen drücken. Das Töpfchen vorsichtig vom Stempel ziehen – fertig. Eine kleine Flasche oder ein Glas, das vorsichtig in ein anderes etwas größeres Glas gedrückt wird, kann in derselben Weise verwendet werden und wandert anschließend wieder in den Haushaltskreislauf zurück. Wichtig ist, dass Sie altes Packpapier oder Recyclingpapier verwenden, keine bunten Zeitschriftenseiten. Diese zersetzen sich schwer und sind oft mit ungesunden Beschichtungen und Farbstoffen ausgerüstet, die man nicht im Garten haben möchte, schon gar nicht im Gemüsebeet.

Noch einfacher sind Erdballenpressen aus dem Fachhandel, sie bestehen im Idealfall aus langlebigem Metall und pressen Anzuchterde zu kleinen Vorzuchtballen mit eingebauter Samenmulde.

Vorziehen Schritt für Schritt

Eierkartons, Papierrollen oder Papiertöpfe werden zum Vorziehen mit Erde gefüllt. Dazu braucht es keine teure spezielle Aussaaterde, eine 1:1-Mischung aus Ihrer ganz normalen Gartenerde und Sand, schön gesiebt, tut es ebenso. Auch die Erde von Maulwurfshügeln eignet sich sehr gut. Reine Gartenerde oder gar normale Blumenerde enthält zu viele Nährstoffe für den kleinen Keimling.

Piksen Sie ein kleines Saatloch mit dem Pikierer oder einem anderen selbst gefertigten Stäbchen hinein. Pro Töpfchen werden dann je nach Sorte ein bis drei Samenkörner ausgesät. So wächst jedes Pflänzchen in seinem eigenen Topf und Sie können sich das fummelige Pikieren vor dem Auspflanzen ersparen. Das Saatgut schön warm und gleichmäßig feucht halten – und dann kann die Gartensaison bald beginnen. Am besten auf der Fensterbank, die Heizenergie und die Wärme der Frühlingssonne werden so wunderbar ausgenutzt. Zu früh sollte man aber nicht anfangen, denn die Kleinen werden in der Wärme schnell groß.

Jungpflanzen brauchen Platz, deshalb einzeln aussäen oder später vorsichtig vereinzeln.

Oder doch besser direkt säen?

Vorzuchten sind empfindlicher als Direktsaaten, gegen Witterung und Schneckenfraß. An Ort und Stelle ausgesäte Pflanzen haben keinen Umzug zu verkraften. Robuste Gemüse wie Lauch, Petersilie, Möhren, Radieschen, Rucola und Spinat können auch schon im April ins Beet, ab Mai dann Bohnen, Erbsen, Kohl, Salat. Auch Blumen wie Ringelblume, Kornblume, Goldmohn, Schleierkraut, Schleifenblume, Jungfer im Grünen, Klatschmohn, Witwenblume und Sonnenblume besser direkt ins Freiland säen, ebenso die Zweijährigen fürs nächste Jahr: Stockrose, Fingerhut, Distel, Glockenblume, Nachtkerze oder Königskerze. Viele Arten säen sich sowieso Jahr für Jahr selber aus, wenn Sie deren Samenstände im Herbst stehen lassen.

Die Töpfchen zu beschriften hilft, den Überblick zu behalten. Pflanzschildchen sind teuer und oft aus wenig umweltfreundlichem Metall oder Kunststoff. Eisstäbchen oder Grillspieße aus Holz können Sie dafür gut upcyclen und direkt beschriften oder mit einem Papierschildchen versehen. Auch glatte Steine, Marmeladenglasdeckel oder auch die immer mal anfallenden Scherben von Tontöpfen lassen sich gut mit einem wasserfesten Stift beschreiben und sind eine gute Alternative.

Secondhand im Gemüsebeet

Wer mal wieder mehrere Euro für ein flaches Tütchen Samen berappt hat, dem kommt schnell der Gedanke, die Saatgutgewinnung selbst in die Hand zu nehmen. Und wer würde nicht gerne genau diese tolle Bohnen- oder Tomatensorte wieder säen, die reichlich Erträge gebracht hat – wenn man sich nur noch erinnern könnte, von wem man die Samen mal bekommen hat? Schließlich ging das früher ja auch und die Natur macht es einfach von ganz alleine. Doch ganz so einfach ist es leider nicht (mehr).

Selbst war mal der Bauer

Früher haben Bauern, Gärtner und auch die kleine Saatguthandlung ihr Saatgut selbst hergestellt: jeden Herbst die besten Samen und Ableger der besten Pflanzen ausgewählt, geerntet und fürs nächste Jahr aufbewahrt. So hatte jede Region, jedes Stück Land seine eigenen Sorten, an den Standort und auch an die Bedürfnisse und Geschmäcker angepasst. Wie gut eine Erdbeere lange Transportwege aushält, war nicht wichtig, wenn man sie direkt von der Hand in den Mund oder Marmeladenkochtopf erntete. Auch nicht, dass alle Gurken an einer Pflanze auf einen Schlag reif wurden, im Gegenteil. Besser war es nach und nach, damit man immer was zu ernten und zu essen hat. Mit der Industrialisierung veränderte sich auch die Landwirtschaft, Selbstversorgung wurde weniger und immer mehr Saatgut wird inzwischen von immer weniger Firmen produziert. Das bedeutet weniger Vielfalt und weniger Freiheit; denn viele Firmen melden auf ihre Züchtungen Patente an und wer sie nutzt, muss Geld bezahlen.

Hybrid gegen samenfest

Hybridsaatgut ist auf den ersten Blick gut – weil es oft besonders leckere, gute, ertragreiche Pflanzen hervorbringt. Der Nachteil ist, sie werden erstens oft von den erwähnten großen Firmen mit Patentschutz hergestellt.

Zweitens sind sie so wie ein Maultier: Wenn man Maultier mit Maultier kreuzt, kommt irgendwas bis gar nichts raus, aber selten wieder ein tolles Maultier. Es lohnt sich also nicht, Samen zu ernten, sondern man muss neues teures Saatgut kaufen. Samenfeste Sorten dagegen erzielen auch in der nächsten Generation sortentypische Ergebnisse.

Für die Zukunft

Es gibt in vielen Städten mittlerweile Saatguttauschbörsen und, dem Internet sei Dank, man kann hierzulande auch von jedem Dorf aus dabei mitmachen. Anbieten, was man selber zu viel hat, schauen, was andere so im Angebot haben. Oft sind alte bewährte Sorten dabei, die nicht im Handel sind. Außerdem finden so nette Fachleute und kundige Gleichgesinnte zusammen und das Gärtnern macht gleich noch mal doppelt so viel Freude. Wichtig dabei: Das Verschenken der Samen alter bewährter Sorten ist erlaubt, sie zu verkaufen, ist verboten.

Selber machen für Anfänger

Samen von Gemüse oder Blumen zu sammeln, ist nicht nur eine Form des politischen Engagements, es hilft der Nutzpflanzenvielfalt und ist ganz einfach praktisch. Es ist aber auch eine kleine Wissenschaft für sich, nicht nur weil die Samen sachgerecht geerntet, gereinigt, sortiert, getrocknet und gelagert werden müssen, damit sie im nächsten Jahr keimfähig sind, sondern auch, weil es um Fremd- und Selbstbestäubung geht, um Inzucht und Verkreuzungen. Es macht Sinn, einen Kurs zu besuchen oder ein gutes Buch zu lesen. Weil es Spaß macht und das Ergebnis sehr befriedigend ist.

Bei einigen Gartenpflanzen gelingt es aber auch Anfängern ganz leicht, bei Bohnen zum Beispiel. Lassen Sie ein paar Schoten richtig reif werden und pulen Sie die trocknen Kerne raus. Dann in kleine Döschen oder Papiertüten füllen und trocken, kühl und dunkel aufbewahren. Beschriften nicht vergessen und im nächsten Jahr wieder frei lassen. Das war es auch schon,

Ringelblumen-Samen sammeln und am Wunschort aussäen: das macht auch Kindern Spaß.

und das geht auch gut bei Erbsen oder Kapuzinerkresse. Sie alle sind Selbstbefruchter, deswegen bleibt die einzelne Pflanze unter sich und es kommt nicht zu Kreuzungen und neuen Sorten.

Ganz einfach geht es auch beim Blattsalat. Lassen Sie ein paar überzählige Pflanzen »schießen«, also blühen, Köpfe können Sie dann nicht ernten. Ist der Samen reif, einfach abzupfen. Auch bei Tomaten können Sie Samen sammeln, allerdings ist es nicht immer ganz einfach, die Kerne vom Fruchtfleisch zu lösen. Am besten geben Sie die ganze Masse löffelweise in ein Glas mit Wasser, nach zwei, drei Tagen hat sich das Fruchtfleisch aufgelöst und Sie können die Kerne heraussieben, auf Küchenpapier trocknen und dann kühl und trocken aufbewahren.

Auch bei Kürbissen können Sie eigentlich Kerne aufheben und im nächsten Jahr wieder verwenden. Allerdings ist hier Vorsicht geboten, weil diese nicht samenfest sind, kommt manchmal das Ursprüngliche wieder durch, auch bei Zucchini, Gurken und Co. Das heißt bei diesen Gewächsen: eklig schmeckende und vor allem giftige Bitterstoffe.

Selbstständige Pflanzen

Auch von vielen typischen Gartenblumen können Sie die Samen jedes Jahr wieder ernten. Und eine ganze Reihe von ihnen, beispielsweise Akelei, Vergissmeinnicht, Cosmea, Margerite, Schafgarbe, Fingerhut oder Distel, brauchen Sie eigentlich gar nicht extra auszusäen. Wenn sie einmal im Garten sind und sich wohlfühlen, kommen sie jedes Jahr wieder. Und zwar dort, wo es ihnen besonders gut gefällt. Einfach blühen und fruchten und sich versamen lassen. Auch um Rucola und Borretsch brauchen Sie sich – einmal ausgesät – nie wieder zu kümmern. Sie können reichlich ernten und wenn Sie jeweils ein paar Pflanzen blühen und fruchten lassen, haben Sie immer wieder Nachschub. Einen Versuch ist es auch bei Gemüsepflanzen wert: einfach ein paar stehen lassen. Aus Möhren, Pastinaken, Roten Beten, Kohl und Feldsalat wachsen im zweiten Jahr, wenn sie gut über den Winter gekommen sind, beeindruckende Blütenwolken. Und im nächsten Sommer dann neue Pflanzen.

Dürfen die Kohlpflanzen im Gemüsebeet blühen, bilden sie neue Samen aus.

Alles öko in Balkonien

Sie haben gar keinen Garten? Oder Sie möchten möglichst überall Lebensräume schaffen und von Grün umgeben sein, auch auf dem Balkon? Enkeltauglich gärtnern lässt sich eigentlich überall. Ob auf der kleinen Terrasse oder im Hinterhof, an der Mauer oder vor der Kellertreppe. Pflanzen sind gut fürs Klima und die Tierwelt, also nutzen Sie jede freie Außenfläche, um dort welche wachsen zu lassen. Mit ein bisschen Planung entsteht selbst auf kleinster Fläche ein Naturparadies.

Extremstandort Balkon

Auf einem Balkon sind harte Bedingungen: Bei Sonnenschein herrscht Wüstenklima, bei einer Brise ist es windig, bei Wind ist Orkan, bei Regen Hochwasser, bei Frost und Schnee fühlt man sich wie am Polarkreis. Je höher der Balkon, desto stärker ist dieser Effekt, und bei einer Dachterrasse kommen Wind und Niederschläge gleich von allen Seiten. Balkonwetter ist deshalb eine Bewährungsprobe für nahezu alle Pflanzen, wobei der Wind in der Regel die größte Herausforderung darstellt: Manche eigentlich robuste Art mag einfach keinen Wind und mickert. Andere Pflanzenarten sind schlicht zu instabil: Zarte Blüten, weiche Blätter, lange Triebe, hohe Stängel und große, schwere Blütenköpfe haben einer frischen Brise nichts entgegenzusetzen, sie werden zerfetzt und abgeknickt.

Mit Hitze und Wind kommen alle Pflanzenarten gut klar, die ursprünglich in den Bergen, im Steppenklima oder im Mittelmeergebiet zu Hause sind. Pflanzen Sie auf jeden Fall so naturnah wie möglich. Die typischen saisonalen Balkonblumen aus dem Gartencenter sind oft mit viel Wasser, Dünger, Pestiziden und Energie hergestellt und haben Bienen, Hummeln und Schmetterlingen wenig Nektar und Pollen zu bieten.

Wichtig: Weil die Balkonbewohner nicht mit Mutter Erde verwurzelt sind, brauchen sie besonders während der Wachstumszeit im Sommer Wasser, Wasser und noch mal Wasser. Nicht viel, das auf keinen Fall, deswegen sollten Sie nach Starkregen kontrollieren, ob es sich in Übertöpfen oder Untersetzern staut – aber regelmäßig. Am besten morgens und abends. In der Mittagssonne würde das meiste verdunsten. Gießen Sie direkt auf die Erde und nicht über Blätter und Blüten; und: langsam, damit die trockene Erde das Wasser aufnehmen kann und es nicht einfach nur von oben nach unten durchläuft. Für kälteempfindliche Pflanzen brauchen Sie im Winter ein frostfreies Plätzchen, das sollten Sie bedenken, bevor Sie einkaufen und pflanzen. Winterharte Arten können Sie auf dem Balkon überwintern. Das sieht sogar sehr schön aus, wenn sich zarter Reif oder ein Schneehäubchen auf sie legt. Im Kübel wird es jedoch schneller viel kälter als in den Beeten, Sie sollten die Pflanzgefäße deshalb mit Strohmatten oder Jutesäcken »anziehen« und in eine möglichst geschützte Ecke vom Balkon rücken. Und: an frostfreien Tagen gießen!

Noch extremer: Dachgärten und Gründächer

Dächer sind Flächen und jede Fläche kann bepflanzt werden. Noch mehr Blüten und Kräuter, noch mehr Pflanzen, die Luft filtern, Sauerstoff produzieren, Kohlendioxid speichern, den Wasserhaushalt ausgleichen und dazu noch Pollen, Nektar und Früchte sowie Tierquartiere anbieten. Und zwar egal, ob es ein Dach auf der Garage, dem Insektenhotel oder auf dem Mülleimerhäuschen ist. Für den Aufbau und die Planung eines größeren Dachgartens, auch was Technik und Statik, Mengen, Maße und Neigungen angeht, lassen Sie sich am besten von einem erfahrenen Fachmenschen und von Fachliteratur unterstützen; für kleine, statisch unkritische Projekte können Sie selber ran. Das Dach muss einen Rahmen haben, damit das Dachsubstrat liegen bleibt und nicht herunterrutscht. Wenn Sie pflanzen, empfiehlt es sich, nur Wurzelstücke, Teile von Ausläufern oder spezielle Dachbegrünungspflanzen mit Flachballen einzusetzen, dann wundert sich die Pflanze nicht über den plötzlich doch kleinen Wurzelraum und kann sich beim Wachsen gleich darauf einstellen. Oder Sie säen direkt. Dann weiß die Pflanze gleich, wo sie gelandet ist. Mehr als zehn Zentimeter Substratdicke sind es ja oft nicht.

Die besten Arten für Balkonien und Co.

- Mediterrane Kräuter von Lorbeer bis Lavendel, von Rosmarin bis Thymian, Salbei und Minzen aller Art. Außerdem Bohnenkraut und Katzenminze.
- Fetthenne und alles, was das Wort »Haus« oder »Mauer« im Namen trägt, wie Mauerpfeffer oder Hauswurz.
- Robuste Stein- oder Gebirgspflanzen wie Gänseblümchen, Glockenblumen oder Grasnelken, Heidenelken, Steinbrech oder Storchschnabel.
- Das, was Sie oft zu viel im Garten haben: Schafgarbe, Rainfarn, Schöllkraut, Giersch, Knopfkraut, Distel. Die sind so robust, dass es ihnen kaum etwas ausmacht, wenn sie von Hitze, Wind und Wetter etwas gebremst nicht ganz die Dimensionen wie im Beet erreichen.

Die Balkonpflanzen düngen?

Gar nicht so einfach, wenn auf mineralische Dünger und Flüssigblumendünger verzichtet wird. Ein guter Tipp, gerade für kleine Mengen Flüssigdünger, ist ein sogenannter Bokashi-Eimer: ein Eimer mit zwei Kammern, die durch ein Sieb verbunden sind, obendrauf ein Deckel, unten ein Auslass. Oben füllt man normalen Biomüll ein, gut klein geschnitten, und gibt etwas fertigen Kompost oder Sauerkrautsaft oder Joghurt dazu – oder auch ein extra Bokashi-Ferment, das man kaufen kann. Ist der Eimer voll, reift er einen Monat – in Ruhe. Danach kann Flüssigdünger abgelassen und krümeliger Kompost entnommen werden.

Mauergewächse sind Durst- und Hungerkünstler, die mit einem Minimum an Wasser und Nährstoffen überleben. Gerade diese Standorte ermöglichen es manchen Arten, in Ruhe zu leben, weil es die sonstigen pflanzlichen Platzhirsche nicht nötig haben, sich mit diesen drittklassigen, unbequemen Plätzen abzugeben. Am einfachsten und buntesten bewachsen Natursteintrockenmauern.

Blumen sagen mehr als tausend Worte

Wer Blumen verschenkt oder sich ins Haus stellt, will Freude verbreiten. Schön, wenn sich auch die Menschen, die sie anbauen, freuen können und die Umwelt nicht unter dem Anbau leidet. Und wer den Garten voll schöner Schnittblumen hat, kann auch hier enkeltauglich auf Selbstversorgung setzen.

Der Garten als Blumenladen

Nur mal eben durch das bunt blühende Reich spazieren und abschneiden, was einem gefällt, und daraus einen üppigen Strauß arrangieren: Wenn man die richtigen Blumen hat, kein Problem. Nur sind längst nicht all unsere hinreißenden Gartenblumen sogenannte echte Schnittblumen, die sich mehrere Tage problemlos in der Vase halten. So manche lassen schon nach wenigen Stunden schlapp die Köpfe hängen. Oder sie streuseln – wie zum Beispiel die eigentlich robuste Akelei oder der Phlox – unentwegt Blättchen und Blütenstaub vor sich hin. Aber es gibt sie, die Haltbarkeitskünstler. Und wer damit gezielt seine Beete bestückt, wird immer etwas zum Ernten haben. Sehr unkompliziert und haltbar sind Dahlien, Zinnien, Rittersporn, Astern, Schmuckkörbchen, Sonnenhut, Mädchenauge, Spornblume, Hortensie und Sterndolde. Bei Rosen ist es mal so, mal so, man sieht es ihnen nicht unbedingt an, sondern muss es ausprobieren: manche Sorten machen schnell schlapp, manche halten fast wochenlang. Passende Begleiter sind Schleierkraut oder Frauenmantel, aber auch Färberkamille und Katzenminze, dazu ein paar Gräser oder Kräuter, ob Lavendel oder Schnitt- und Zierlauch – und Ihr kleiner Blumenladen ist perfekt.

Und für den Winter: Trockenblumen

Säen Sie noch ein paar Trockenblumen ins Beet, dann haben Sie etwas für den Winter. Früher war es üblich, farbenfrohe Blumen zu trocknen und so den Sommer für den Winter aufzubewahren; es ist gar nicht schwer und schön ist es allemal. Manche Blumen sind sozusagen von Natur aus Trockenblumen: Bekanntestes Beispiel ist sicherlich die Strohblume. Sie wächst ursprünglich an strengen Standorten, in Wüsten, Steppen oder im Dünensand, und deshalb enthalten ihre papierdünnen Blütenblättchen kaum ein Tröpfchen Feuchtigkeit. Sie bewahren Farbe und Form nach dem Ernten fast ohne Aufwand. Auch der Strandflieder ist ein bekannter Klassiker. Der Wilde ist lila und wächst an den Küsten, ist aber selten und geschützt. Gezüchtet gibt es ihn in vielen anderen Farben, er lässt sich leicht aussäen, gut trocknen und für bunte Sträuße verwenden.

Es gibt mittlerweile auch spezielle Samenmischungen für Trockenblumen, neben Strohblume und Strandflieder sind meistens Akelei und Jungfer im Grünen enthalten sowie Färberdistel, Amarant, Federbusch, Schafgarbe und andere Doldenblütler. Die können Sie einfach so säen, wie es kommt oder – wenn Sie Platz im Garten haben – reihen- oder beetweise wie Gemüse. Das

»Ich habe heute ein paar Blumen nicht gepflückt, um Dir ihr Leben zu schenken.«

CHRISTIAN MORGENSTERN

macht das Ernten leicht. Auch Rosen, Lavendel oder Fette Henne lassen sich für den Winter bewahren oder mediterrane Kräuter. Gehen Sie einfach mal mit offenen Augen und einer Schere durch den Garten.

Viele Gartenblumen bilden hübsche Samenstände – Mohnkapseln in allen Größen und Formen von langgestreckt bis kugelig, die Samenstände von Akelei und Kornrade oder die silbernen Mondtaler – diese sind oft schon am Stängel getrocknet und direkt nach der Ernte zum Dekorieren zu verwenden. Ganz besonders sind die knallorange leuchtenden Fruchthüllen der Lampionblumen. Oder warten Sie, was die Natur selber so aus der Lampionblume macht, denn im Laufe des Herbstes verwittern die orangen Pflanzenteile, nur noch das goldene Blattadergerüst bleibt übrig und umschließt die rote Beere: wie ein filigranes Drahtkunstwerk eine Perle.

Blumen ernten, so geht's richtig

Der richtige Zeitpunkt für den Schnitt ist dann, wenn die Knospen kurz vor dem Öffnen sind oder sich etwa halb geöffnet haben, am besten an trocknen Tagen in der Mittagszeit, wenn der Tau verdunstet ist. Damit die Blumen lange schön bleiben, achten Sie darauf, Stiele mit ausgereiften Knospen und gerade aufgehenden Blüten zu ernten. Dann müssen gründlich alle Blätter entfernt werden, die für die Optik nicht nötig sind. Je mehr Grünzeug die abgeschnittene Pflanze mit Wasser versorgen muss, desto weniger bleibt für die Blüte. Die Stängel schneiden Sie mit einer scharfen Schere oder einem scharfen Messer auf die richtige Länge, am besten schräg. So werden die Wasserleitungsbahnen nicht zerquetscht und verstopft. Sorgfalt bei der Ernte ist auch ein Beitrag zur Nachhaltigkeit.

Fair macht Schenken doppelt Freude

Wenn Sie doch einmal Blumen einkaufen, machen Sie auch den produzierenden Menschen Freude, wenn Sie auf faire Arbeitsbedingungen und Umweltschutz achten. Blumen können in vielen Regionen vor Ort auf einem Selbstpflückfeld geerntet werden. Dass der korrekte Betrag in die Kasse gelegt wird, sollte dabei selbstverständlich sein. Produziert Ihre Gärtnerei die Schnittblumen selbst, vielleicht sogar in Bioqualität? Umschauen und Nachfragen lohnen sich! Und wenn die Blumen aus dem Globalen Süden stammen – werden sie unter fairen Arbeitsbedingungen produziert? Bio- und Fairtrade-Siegel geben darüber Auskunft und auch hier ist Nachfragen sinnvoll – so entsteht auf Dauer mehr Angebot.

Blumen haltbar machen

Wenn Sie die Blumen trocknen wollen: die Blüten gebündelt – sortenrein oder schon als fertige Straußmischung gebunden – und kopfüber zum Trocknen aufhängen. Auch hier wird ein Übermaß an grünen Blättern vorher entfernt. Bei Blumen, die eigentlich nickend oder überhängend blühen – und so auch als Trockenstrauß in der Vase stehen sollen –, empfiehlt sich die Wassertrocknung: einfach in einer Vase mit ganz wenig Wasser an einen warmen dunklen Ort stellen. So trocknen sie schön langsam, fallen natürlich und behalten Farbe, Form und Aussehen. Gräser, feinstielige Blumen und größere Blüten wie Schnittlauch legt man in flache Körbe auf Maschendraht oder auf mit Luftlöchern versehene Pappe zum Lufttrocknen aus. Egal, welche Methode Sie anwenden, der Standort zum Trocknen sollte keine direkte Sonneneinstrahlung erhalten, denn das UV-Licht lässt die Farben verblassen, er sollte warm und trocken und gut gelüftet sein, damit nichts schimmelt oder fault. Ideal sind Heizungsräume, der Dachboden oder das luftige Carport.

Weniger Plastik beim Pflanzenkauf

Wer einkauft, ob ein paar Pflanzen für den Balkon, Solitärgehölze oder zwischendurch einige Kräuter: Kunststofftöpfe en masse. Plastikfreiheit hat zwar im Garten nicht so eine große Relevanz wie in anderen Lebensbereichen, aber auch hier ist weniger mehr – und möglich.

Töpfe vermeiden

Versuchen Sie, Pflanzen ohne Plastikverpackung zu kaufen. Zur Pflanzzeit im Frühling und im Herbst gibt es oft auch wurzelnackte Ware, die muss lediglich schnell in die Erde, hat aber sonst keine Nachteile. Lassen Sie die Plastiktöpfe im Gartencenter, das verschiebt zwar das Problem erst mal nur, schafft aber auch Aufmerksamkeit dafür. Wickeln Sie Ihre Neuerwerbungen samt Ballen dann einfach in mitgebrachtes Papier und packen Sie diese in einen Karton oder Einkaufskorb.

Auch im Versandhandel: Wenn es vor Ort nicht das Gewünschte gibt, bei den Versandgärtnereien kaufen, die Pflanzen in Papier verpacken und Stroh oder andere abbaubare Materialien als Füllstoffe verwenden und keine Blisterfolien oder Luftpolster. Manche Gärtnereien verwenden auch ein Mehrwegpfandsystem, andere Töpfe aus Kokos, Holzfaser, aus Gras und anderen nachwachsenden Rohstoffen. Auch Pflanztöpfe aus recyceltem Kunststoff wurden inzwischen entwickelt. Aber auch sie müssen energieaufwendig hergestellt werden.

Übertöpfe sind oftmals ebenfalls aus Kunststoff. Kunststoff ist leicht, vielseitig, preiswert – aber oft unnötig. Ton- oder Steinguttöpfe sind besser fürs Wurzelklima, schöne Töpfe gibt es auch gebraucht. Oder schauen Sie sich im Keller, im Schuppen und auf dem Speicher um, was Sie an sonstigen Schätzen verwenden können. Vom Kochtopf bis zur Weinkiste, von Blechdosen bis Einmachgläser, bepflanzen lässt sich fast alles, wenn Sie für ausreichende Dränage sorgen.

Bevor Sie shoppen gehen: Fragen Sie im Bekanntenkreis nach Setzlingen und Stecklingen und erkundigen Sie sich, ob es in Ihrer Nähe schon Pflanzentauschschränke gibt. Je weniger Sie kaufen, desto weniger Verpackungsmaterial und Plastik fällt an. Und Sie bekommen mit Tomatenpflanzen aus Hobbyzucht oder aus dem Pflanzentauschschrank vielleicht auch besonders köstliche alte Sorten angeboten.

Wohin mit den Pflanztöpfen?

Plastik kommt in den gelben Sack und wird recycelt, dann ist doch alles gut, oder? Leider nein, die Töpfe sind nicht immer sortenreines Plastik oder so gekennzeichnet, dass die Sortieranlagen es schaffen, sie als das zu erkennen, was sie sind. Auch, weil es mehr und mehr üblich ist, die Töpfe nicht einfach schwarz zu machen, sondern bunt wie die Blühfarbe der Pflanzen. Sie dürfen zwar in den gelben Sack oder die gelbe Tonne gegeben werden, recycelt werden aber die wenigsten davon. Am Ende werden sie doch einfach nur verbrannt. Immerhin: So landen sie nicht im Müllstrudel der Weltmeere. Fragen Sie doch beim Kauf in Ihrer Lieblingsgärtnerei oder bei der Pflanzenzüchterin, ob Sie die Töpfe wieder zurückgeben können. Einen Versuch ist es wert und so manche Hobbygärtnerin, die ihr Selbstgezogenes im Frühjahr anbietet, freut sich vielleicht sogar darüber.

Noch mehr Plastikfreiheit im Garten

- Pflanzerde und Blähton, Rindenmulch und Teichkies wird in Plastiksäcken verkauft. Schauen Sie aufs Etikett, vielleicht ist sortenreines Verpackungsmaterial dabei, das kann dann wenigstens recycelt werden. Sie können das Material auch lose beim Baustoffhändler bekommen, was für kleine Mengen aber eher unpraktisch ist. Plastiksäcke, die sich nicht vermeiden lassen, weiterverwenden, als Sammelsack für Gartenabfälle zum Beispiel – oder zum Bepflanzen.
- Plastik kommt auch oft im Gemüsegarten zum Einsatz, als Vogelschutznetz, Tunnelfolie, Antifrostvlies. Prüfen Sie, ob es nötig ist, versuchen Sie so oft wie möglich, auf Alternativen aus Jute oder Wolle auszuweichen und ansonsten langlebige, gute Qualität zu kaufen und die Dinge gut zu pflegen.

Auch Torffreiheit ist sehr wichtig

Mit einem Sack normaler Pflanzenerde kaufen Sie üblicherweise nicht nur Plastik, sondern auch einen guten Teil Torf. Den Pflanzen tut der Torf längst nicht so gut, wie oft behauptet wird. Zwar kann Torf viel Wasser aufnehmen, gibt es aber auch schnell ab und ist an niederschlagsfreien Tagen dann sehr trocken. Er hat einen niedrigen pH-Wert und ist alles in allem für einen normalen Gartenboden ungeeignet. Kein Wunder, kommt Torf ja auch aus dem Moor, ein sehr spezieller Lebensraum mit speziellen Bodeneigenschaften – und spezieller Tier- und Pflanzenwelt, die beim Torfabbau zerstört wird. Außerdem ist in den Mooren und im Torf eine Menge CO_2 gespeichert, das frei wird, wenn der Torf abgebaut und im Garten verteilt wird. Achten Sie beim Kaufen auf torffreie Pflanzerde, diese ist nur unwesentlich teurer. Oder mischen Sie Ihre Erde selbst: aus Gartenboden und Kompost. Sind Sie Balkongärtner oder haben von beidem wenig, dann bitten Sie Menschen mit Kompost und Erde, Ihnen ein paar Eimer voll abzugeben. Vielleicht im Tausch gegen Selbstgemachtes?

Aus Mist wird Gold

Wenn alles blüht und gedeiht, benötigen Pflanzen viele Nährstoffe, und besonders Tomaten und Zucchini brauchen »Futter«. Aber beim Düngen gibt es große Unterschiede zwischen Richtig und Falsch, ähnlich dem Unterschied zwischen Vollwertkost und Vitaminpillen. Guten Dünger aus Abfall selbst zu machen, geht ganz leicht, bringt zauberhafte Gartenerträge und ein gutes Gewissen.

Dünger – Who is who?

In einem enkeltauglichen Garten sollten die landläufig als Kunstdünger bezeichneten synthetisch produzierten mineralischen Dünger oder Flüssigdünger nicht verwendet werden: Sie herzustellen, verbraucht viel Energie und verursacht Umweltschäden in den Ländern, wo einige ihrer Rohstoffe abgebaut werden. Sie können teils giftige Schwermetalle wie Blei und Cadmium enthalten. Einmal im Boden, dünsten sie Treibhausgase aus. Die Pflanze bekommt ihre Nährstoffe quasi via Vitaminspritze, aber der Boden und das ganze Leben in ihm haben nichts davon. Haben die Bodenlebewesen nichts zu fressen, können sie keinen Humus bilden. Die Nährstoffe werden nicht gespeichert, was die Pflanzen nicht unmittelbar aufnehmen, landet im Grundwasser.

Ziel einer organischen Düngung ist, die Bodenfruchtbarkeit zu erhalten. Gründüngung, Kompost und Pflanzenjauchen ermöglichen es, natürliche Stoffkreisläufe zu schließen, es müssen keine synthetischen Nährstoffe extra zugeführt werden.

Auch mit Pellets aus Schafschurwolle lässt es sich düngen.

Um bestimme Nährstoffe nach Bedarf zu ergänzen, werden verschiedene organische Düngemittel oder Bodenhilfsstoffe angeboten, die meisten sind tierischen Ursprungs und fürs vegane Gärtnern ungeeignet. Hornspäne und Knochenmehl werden aus Abfallprodukten wie Rinderhörnern und Hufen, die meist aus Übersee stammen, gewonnen. Pferdeäpfel und Kuhfladen sind schwer zu bekommen und sollten vorher zu Kompost verrottet worden sein. Frisch enthält Dung sehr viel Ammoniak, zu viel für junge Pflanzen und die Bodenlebewesen. Guano war mal sehr beliebt, ihn von den Vogelfelsen abzuernten, bedroht diese Lebensräume. Außerdem ist er oft mit Schadstoffen belastet, weil sich in den Ausscheidungsprodukten natürlich so einiges sammelt. Ein neuer Düngetrend sind Pellets aus gepresster und zerkleinerter Schafschurwolle (aus der es hierzulande wirtschaftlich nicht mehr lohnend ist, Kleidung herzustellen). Sie lockern den Boden auf und sind mineralstoffreich.

Weitere Biodünger sind eingedickte Melasse, Malzkeime, Kakaoschalen und andere Überbleibsel aus der Lebensmittel- und Futtermittelherstellung, einzelne werden auch mit Bodenorganismen angereichert angeboten. Eigentlich schön, Reste weiterzuverwenden, aber das geht mit weniger Aufwand und Ressourcenverbrauch auch im eigenen Garten.

Der Boden würde Kompost wählen

Komposthaufen sind eine Wissenschaft für sich, es gibt Bücher und verschiedene Weltanschauungen, nach welchen Regeln er bestückt und behandelt werden soll. Manchmal ist der Schnellkomposter neben der Terrasse eine Art Biomülltonnenersatz und manchmal dient die große Miete in einem weitläufigen Garten auf dem Lande, in dem auch Tiere gehalten werden, als Misthaufen. Grundsätzlich ist immer wichtig, dass die Kompostmiete Kontakt zur Erde hat. Nur so können die Bodenlebewesen einziehen und mit den Kompostierungsarbeiten beginnen. Achten Sie außerdem darauf, dass das aufgeschichtete Material eher klein geschnitten und gehackt ist und im Durchschnitt nicht zu feucht und nicht zu trocken. Ein zu trockener Kompost funktioniert nicht, ein zu nasser fault und muss umgesetzt werden. Auch ein guter Mix verschiedener Bestandteile ist hilfreich.

Ein Komposthaufen ist auch ein Lebensraum

Neben den typischen Kompostbewohnern – Algen, Pilzen und Bakterien, Regenwürmern, Asseln, Borstenwürmern und Springschwänzen – fühlen sich dort auch viele andere Tiere wohl. Schnecken, Nashornkäferlarven und anderer Käfernachwuchs; Vögel natürlich, wenn auch nicht zum Eierlegen, aber zum Fressen. Und so manches kleine Säugetier auch. Um Mäuse und Ratten nicht über Gebühr zu füttern, sollten keine Essensreste auf den Kompost kommen. Ein Nest bauen die Nager eher selten in einen Komposthaufen – vor allem dann nicht, wenn er floriert. Dann heizt die Verrottungswärme das Innere so auf, dass es ihnen schlicht zu warm ist. Aber Ringelnattern legen genau deshalb gerne ihre Eier in die Wärme. Und manchmal überwintern Igel im Kompost. Deshalb sollten Sie beim Ernten oder Bearbeiten des Kompostes immer vorsichtig sein, damit Sie niemandem roh das Dach über dem Kopf wegzerren oder ihn gar mit der Mistgabel verletzen.

Noch mehr Pflanzendünger

- **Wurmkiste:** funktioniert im Ergebnis ähnlich wie ein Komposthaufen. Die Kiste besteht aus zwei Kammern: In der einen durchackern die Kompostwürmer den Bioabfall, aus der anderen wird Kompost geerntet. Lässt sich fix und fertig bestellen, samt Würmern. Das ist durchaus sinnvoll, denn so gehen Sie sicher, dass Sie die richtige Wurmart haben. Es gibt mehr als 40 Arten bei uns, aber nur zwei sind »kistentauglich«.
- **Terra Preta:** »Schwarze Erde«, so heißt auf Portugiesisch der fruchtbare Boden am Amazonas, der unter anderem deshalb so schwarz und so fruchtbar ist, weil er aus bunt gemischten Resten von Pflanzenabfällen, Pflanzenkohle, Exkrementen, Mist und Knochen oder Gräten besteht – vor mehreren Hundert Jahren entstanden aus traditionellem Brandfeldbau und menschlicher Besiedlung.
  Kompost nach Art der Terra Preta kann auch im Garten selbst hergestellt werden, dem Kompost werden gezielt Pflanzenkohle, Mikroorganismen und manchmal auch Mist oder Urin zugesetzt. Die Pflanzenkohle entsteht durch ein aufwendiges Pyrolyseverfahren.
- **Brennnessel- oder Unkrautjauche:** Dafür brauchen Sie einen Eimer und 1 kg Grünzeug (von »Unkraut« über Brennnessel oder Beinwell bis Kräuterschnitt): mit 10 l Wasser auffüllen und stehen lassen. Es fängt an zu gären – und wenn es nicht mehr schäumt, ist es fertig. Stinkt gewaltig, düngt hervorragend! Verdünnen Sie es 1:10, also in 10 l Wasser etwa 1 l Jauche geben, und verwenden Sie es wie Flüssigdünger.
- **Hausmittel:** Kaffeesatz ist reich an Kalium, Phosphor und Stickstoff und lässt sich gut dem Kompost untermischen oder auch gleich den Pflanzen an die Füße streuen. Wer viel Kaffee trinkt und nur wenig Garten hat, sollte aber nicht allen Kaffeesatz so entsorgen, das wird dann schnell zu viel und der Boden wird sauer.

Superfood aus dem Hausgarten

Superfood ist in aller Munde, der hochkonzentrierten und supergesunden Inhaltsstoffe wegen, die in ihnen stecken (sollen). Oft sind sie teuer, intensivlandwirtschaftlich angebaut und von weither zu uns angereist. Zum Glück gibt es auch ganz alltägliche und altbekannte Lebensmittel mit Superkräften, die wir ganz einfach im eigenen Garten anbauen können.

Superfood – was ist das überhaupt?

Obst, Gemüse, Samen und Früchte oder allgemein Lebensmittel, die eine besonders hohe Nährstoffdichte haben oder von besonderen Nährstoffen, die besonders gut für die Gesundheit sein sollen, besonders viel enthalten – so in etwa ließe sich formulieren, was Superfood ist. Der Begriff ist nicht geschützt, deswegen gibt es keine einheitliche Definition. So kann auch die Marketingbranche mit dem Label spielen, wie sie will. Landläufig meint man, Superfood müsse aus den Anden, aus Indien oder anderen exotischen Gefilden kommen, um uns Mitteleuropäern Nährstoffe des Südens in unsere gemäßigten Breiten zu bringen. Oft liefern diese Produkte aber nicht nur viele Vitamine, sondern sind auch mit vielen Pestiziden belastet und reichlich gedüngt, wenn sie nicht aus Bio-Anbau stammen. Aber es gibt reichlich heimische Alternativen: Nüsse, Knollen, Samen und Beeren, knallvoll mit gesunden Substanzen.

Superfood im eigenen Garten anzubauen, ist kinderleicht. Einige der hippen Früchte wachsen auch bei uns gut. Den Aronia-Strauch zum Beispiel und auch Goijbeeren können Sie im Garten oder im Terrassenkübel anbauen. Im Beet brauchen sie aber eine Wurzelsperre, weil sie sehr ausbreitungsfreudig sind.

Heimische Alternativen

- Goijbeeren lassen sich wunderbar durch Schwarze Johannisbeeren, Hagebutten oder Sanddorn ersetzen. Sie sind weniger süß, was ja eigentlich noch gesünder ist.
- Weizengras gilt als Chlorophyll-Booster. Das steckt aber in allen grünen Pflanzenteilen, ob Spinat oder Radieschen- und Kohlrabiblätter. Auch viele dieser »Abfälle« kann man essen.
- Die dunklen Farbstoffe der Aronia-Beeren sind gut fürs Anti-Aging, heißt es. Diese stecken aber auch in Sauerkirschen, die es auch als kleine Säulen oder Spalierbäumchen gibt – und im Winter dann im Rotkohl.
- Grünkohl und Portulak haben ebenfalls Superkräfte, in den Wintermonaten sind sie die Stars in der Superfoodküche – und auch das gute alte Sauerkraut.
- Matcha-Pulver hat eine tolle Farbe, aber inhaltlich stehen gemahlene Brennnesselblätter dem gemahlenen Grüntee aus Japan in nichts nach. Einfach ernten, trocknen und zerreiben.

Blaubeeren aus dem eigenen Garten

Blaubeeren, je nach Region auch Heidelbeeren genannt, konnte man lange nur mühsam und im Spätsommer im Wald sammeln. Vor mehr als hundert Jahren wurden dann in Nordamerika die ersten Kulturheidelbeeren gezüchtet, mittlerweile gibt es auch bei uns viele Sorten, die mit dieser verwandt sind und gut im Garten wachsen. Von frühblühend bis spätfruchtend, ertragreich, witterungssicher, klein oder mit besonders dicken Früchten. Blaubeerpflanzen mögen es feucht und windgeschützt, schön sonnig und den Boden eher sauer. Damit sie sich bei Ihnen im Garten wohlfühlen, graben Sie ihnen ein eigenes Beet, pro Strauch eine Grube von etwa 50 × 50 × 50 cm. Dahinein kommt torffreie Rhododendron-Erde oder einfach Gartenerde plus eine dicke Schicht Eichenlaub oder Laubhumus.

Dann die Sträucher. Das Beet sollten Sie immer, am besten mit gesammeltem Regenwasser, schön feucht halten und einmal im Jahr Laub oder Rindenhumus nachlegen, damit der pH-Wert niedrig und der Boden sauer bleibt. Auch Ihr fein gehäckselter (Bio-)Weihnachtsbaum findet dort als Mulchschicht noch eine gute Verwendung (siehe dazu auch Seite 159).

Bunt wie ein Regenbogen

Rote Bete hat als heimisches Superfood viele gesunde Inhaltsstoffe zu bieten. Wem Rote Beten zu sehr nach dem Blut der Erde schmecken und wer bei den Farben variieren möchte, versucht vielleicht mal die milden Gelben oder die Ringelbete, rosa-weiß wie ein Erdbeerbonbon. Weiß gibt es sie auch, sie machen dann auch keine Flecken. Alle Beten lassen sich anfängerleicht anbauen, sie werden ab Mitte April direkt ausgesät. Sie kommen mit jedem Boden klar und wachsen auch mal im Halbschatten. Eine Ladung Kompost und Pflanzenjauche lassen sie gesund heranwachsen. Ganz jung wie Radieschen geerntet, sind sie lecker zum Naschen, auch die Blätter schmecken im Salat. Die reifen Knollen lassen sich gut für den Winter einlagern, aber ernten muss man sie erst, wenn es wirklich Stein und Bein friert, bis dahin halten sie es locker im Beet aus.

Supervielfalt aus der Kiste

Es gibt dicke, dünne, lange, große, gebogene und knubbelige, gelbe, rote, schwarze und blaue Kartoffeln, mit fantasievollen Namen wie *Purple Rain* und *Heiderot, King Edward* und *Goldenes Wunder,* vom *Ackersegen* bis zur *Schwarzen Ungarin.* Sie brauchen keinen Kartoffelacker, um davon ein paar Mahlzeiten aus eigener Ernte zuzubereiten. Nur eine große Kiste. Die füllen Sie mit einer Schicht guter Gartenerde und legen eine Lage Ihrer Lieblingskartoffeln hinein. Zeigen sich die Blätter, kommt wieder eine Schicht Erde obendrauf. Immer weiter, bis die Kiste voll ist. Läuft alles nach Plan, bildet jede einzelne Knolle in jeder Schicht neue Kartoffeln aus und im Herbst steckt die ganze Kiste voll.

Was im Frühling noch wichtig ist

Nach der Blüte reifen lassen

Bei Frühblühern wie Schneeglöckchen oder Osterglocken bitte die Fruchtstände nicht abschneiden, auch wenn es immer hieß und heißt, es koste die Pflanze zu viel Kraft, Samen zu bilden. Wer sich Sorgen um deren Zwiebeln macht, gibt ihnen lieber ein bisschen Kompost, das mögen sie sowieso alle ganz gerne, Schneeglöckchen besonders. Denn erstens: Die Samen ernähren eine Menge Tiere. Und zweitens: Die Tiere helfen Ihnen auf ihre Weise dabei, die Zwiebelblumen zu verteilen, malerischer und fleißiger, als Sie selber es könnten. Besonders die Ameisen. Schneeglöckchen, Primeln und andere bilden an ihren Samen ein sogenanntes Elaiosom, im allgemeinen Sprachgebrauch Ameisenbrötchen genannt. Es enthält Stoffe, die bei Ameisen einen suchtähnlichen Sammeltrieb auslösen. Sie schleppen Samen um Samen in den Bau, um den Nachwuchs zu füttern, und wenn sie unterwegs schon die Köstlichkeit selber aufgefuttert haben, lassen sie den Rest irgendwo liegen. Bei guten Keimbedingungen wächst dort bald eine neue Primel oder ein neues Schneeglöckchen. Bald ist die ganze Wiese voll damit.

Ein Lob auf die Ameisen

Sich mit den Ameisen gut zu stellen, erspart Gärtnerinnen und Gärtnern viel Arbeit. Die Tiere sind nicht nur samensüchtige Schneeglöckchenverteiler, sondern auch eine wichtige Gartengesundheitspolizei. Sie schichten die oberen Erdschichten um und bauen pflanzliches Material ab, sie halten die Bestände anderer Insekten in Schach und sind selber Nahrung für andere Tiere. Gartenameisen sind in der Regel völlig harmlos. Manchmal nerven sie allerdings, wenn sie ihre kleinen Sandnester an ungünstigen Stellen platzieren. Umsiedeln geht ganz einfach – mit dem Blumentopftrick. Einfach kopfüber auf den Nestausgang stellen und ein paar Tage warten – dann schieben Sie einfach einen Karton unter den Topf und tragen ihn samt Staat dahin, wo er nicht stört.

Der richtige Umgang mit Ackerschachtelhalm

Für manche ist Ackerschachtelhalm das schlimmste Unkraut überhaupt. Erst sieht man ihn kaum, schickt er doch nur kleine pilzähnliche Sporentriebe aus der Erde, mit denen er sich aber schon vermehrt hat, bevor das eigentlich Lästige in Erscheinung tritt: Grüne, ein wenig an Tannennadeln erinnernde Triebe, mit denen er Fotosynthese betreibt und Energie produziert, um sein unterirdisch weit verzweigtes Wurzelgeflecht voranzutreiben. In alle Richtungen und bis zu zwei Meter tief in den Boden. Richtig lästig also, aber auch sehr nützlich: Man kann daraus eine tolle Pflanzenjauche herstellen und damit die Gartenpflanzen stark, gesund und widerstandsfähig machen.

Rezept für Ackerschachtelhalmbrühe

Ackerschachtelhalm enthält – neben vielen anderen guten Dingen – mehr Kieselsäure als die meisten Pflanzen. Diese soll via Schachtelhalmjauche im Gießwasser anderen Pflanzen helfen, widerstandsfähiger gegen Krankheiten zu sein. Die Herstellung ist ganz einfach: Pro 10 l Wasser brauchen Sie etwa 1 kg frisches Kraut. Ernten Sie im Hochsommer, dann ist die Konzentration der Wirkstoffe am größten. Klein schneiden, in einen Eimer geben und mit Regenwasser auffüllen. Täglich umrühren, so lange, bis keine Bläschen mehr aufsteigen. Dann ist die Jauche fertig, das kann einige bis viele Tage dauern. Gießen Sie dann 1:5 mit Wasser verdünnt einmal monatlich Ihre Pflanzen damit, besonders Rosen tut Ackerschachtelhalm gut.

Guck mal, wer da sticht

Auch im Frühjahr gibt es schon mal schöne Abende, an denen wir draußen sitzen können – und vielleicht die ersten Mückenstiche. Aber nicht alle Mücken sind *Stech*mücken. Gelsen schon, das ist das österreichische Wort für Stechmücke und auch gleichbedeutend mit dem aus dem Spanischen stammenden Begriff »Moskito«. Stechmücke, Gelse, Moskito sind ein und dasselbe. Schnaken nicht. Sie sehen ihnen zwar ähnlich, sind allerdings sehr viel größer, haben aber keine Mundwerkzeuge zum Blutsaugen. Sie ernähren sich von Nektar und anderen Pflanzensäften. Allerdings heißen Gelsen, Moskitos und Stechmücken tatsächlich mancherorts auch Schnaken; während Schnaken je nach Region auch Bachmücken, Langbeinmücken oder Pferdemücken genannt werden – und namentlich manchmal sogar mit Weberknechten in einen Begriffstopf geworfen werden, weil für beide Tiere auch Namen wie Schneider und Schuster gebräuchlich sind. Weberknechte sind allerdings Spinnentiere und haben – als wichtigstes Unterscheidungsmerkmal: keine Flügel. Außerdem gibt es noch Kriebelmücken, so winzig klein, dass man erst bemerkt, dass man sie getroffen hat, wenn sich kleine Quaddeln bilden. Die Tierchen, die man oft in großen Schwärmen ganz kribbelig-hibbelig in großen Schwärmen in der Luft tanzen sieht, sind in der Regel nicht stechende Zuckmücken.

Mücken und Co. sind Futtertiere im Kreislauf der Natur. Deshalb hilft es, im Garten Nützlinge und ein natürliches Gleichgewicht zu fördern. Schwalben, Mauersegler und andere Vögel oder auch Fledermäuse ernähren sich von diesen Fluginsekten, viele Käfer fangen Mücken, Frösche, Kröten, Wespen und Hornissen haben sie ebenfalls auf ihrem Speisezettel. Technische Geräte, UV-Wellen, Strombrutzler oder Gift töten nicht nur Mücken, sondern ebenfalls unzählige Insektenkollegen.

»Falls Du glaubst, dass Du zu klein bist, um etwas zu bewirken, dann versuche mal zu schlafen, wenn eine Mücke im Raum ist.«

DALAI LAMA

Der Sommer, der ist da

Der Sommer kommt und es ist Reifezeit, die Blüten werden zu Früchten, die Früchte zu Samen. Hummeln bauen Nester, Insekten legen Eier, Eier werden zu Raupen, Engerlinge zu Käfern, Puppen zu Schmetterlingen. Eichhörnchen, Mäuse und Igel paaren sich, säugen die niedlichen Babys in kuscheligen Nestern. Alles frisst, jagt, wächst. Leben pur.

Wenn das Johanniskraut blüht, ist Mitsommer, die Johannisbeeren werden reif, wie die Kirschen und Himbeeren. Oft ernten das alles die Vögel. Wer das nicht will, muss seine Früchte schützen. Das geht leider nur mit Plastiknetzen – aber bitte so, dass keine Unfälle passieren. Denn oft verheddern sich die tierischen Schleckermäuler darin. Am besten geht es bei Beeren-Hochstämmchen, die kann man damit umhüllen, unter der Krone wird das Netz wie ein Sack zugebunden.

Und im Sommer wird es heiß, vielleicht und hoffentlich, wenn auch hoffentlich nicht so heiß und trocken wie in den vergangenen Jahren. Wenn es dann mal regnet und gewittert, rauschen oft Sturzbäche vom Himmel und der Wind bläst im Orkan durch den Garten, knickt Blumen und Bäumchen um. So zeigt sich der Klimawandel. In den Steinwüsten der Städte glühen der Kies und der Asphalt und auch nachts kühlt es kaum ab. Wie gut, wenn man hinterm Haus eine grüne Oase hat. Nachts seine Matratze rausschleppen und draußen schlafen, das ist wie ein kleiner Urlaub und sehr enkeltauglich, nicht nur weil es einen Riesenspaß macht. Sondern auch weil es Energie für Ventilatoren und Klimaanlagen spart. Ein Moskitonetz ist dann allerdings eine Anschaffung wert.

Mariposa, Papillon, Farfalla oder Butterfly

Schmetterlinge haben in allen Sprachen dieser Welt schöne Namen und alle Menschen finden sie schön. So bunt, leicht, flatternd, schillernd, wie sie sind – wenn sie dann Schmetterlinge sind. Aber das ist ja nur die Endphase eines langen Lebens voller Verwandlungen. Am Anfang steht die Raupe Nimmersatt.

Vom Schädling zum Lieblingstier

Erst sind sie kleine Eier, dann Raupen, die sich häuten und größer werden und noch mal und noch mal, dann verpuppen sie sich. Bis dann in dieser Puppe die Metamorphose beginnt – alles wird flüssig und neu gemischt – und am Ende schlüpft aus der Hülle ein neuer Schmetterling. Er ist erst noch etwas zerknittert und taumelig. Aber dann fliegt er los, von Blüte zu Blüte, auf der Suche nach Nektar, den er mit seinem langen Rüssel aus den Blüten schlürfen kann, auf der Suche nach Pflanzen, an denen er seine Eier ablegen kann und an denen sich dann die neuen Raupenbabys satt fressen können …

Eigentlich überflüssig zu sagen, was Gärtnerinnen und Gärtner tun müssen, damit es gut läuft mit den Schmetterlingen: Erst mal den Kampf gegen die Raupen einstellen. Das Dezimieren übernehmen die Vögel schon, auch Wespen und Hornissen und andere Insekten ernähren sich von den Raupen. Mit Gift gegen die Raupen vorzugehen, schadet der Umwelt und macht auch wenig Sinn. Jedes Gift tötet auch andere Tiere und bringt das Gleichgewicht im Garten unnötig durcheinander. Über Gemüse und anderes können Sie Netze spannen. Ansonsten säen und pflanzen Sie am besten reichlich Blumen und Kräuter, auf denen sich die Raupen stattdessen satt fressen können.

Gute Raupenfutterpflanzen und Schmetterlingsblumen

Manche Schmetterlingsarten sind auf einzelne Futterpflanzen spezialisiert, das heißt: Sie können sich nur auf dieser Pflanzenart entwickeln. Andere sind Allrounder und weniger wählerisch. An erster Stelle auf der Hitliste der Nahrungspflanzen steht bei den Schmetterlingskindern die gute alte Brennnessel, am besten die Große Brennnessel. Diese sollten Sie an sonnigen Plätzen gewähren lassen und regelmäßig portionsweise zurückschneiden, denn die meisten Schmetterlinge mögen junge Pflanzen lieber als alte. Auch Disteln sind wichtig, nicht nur für die Distelfalter, die diese Pflanze sogar im Namen tragen. Klee, Blutweiderich und Wilde Möhren sind ebenfalls beliebt. Die Samenstände des Doldenblütlers, die später aus ihren Blüten entstehen, werden auch von anderen Tieren gerne gefressen. Auch verschiedene Gräser sind wichtige Futterpflanzen.

Das Angebot für erwachsene Falter muss vor allen Dingen Nektar bieten, denn mit ihren langen Rüsseln kommen sie nicht an alles heran. Schneeglöckchen und auch all die anderen Frühblüher wie Winterling, Märzenbecher, Krokusse, Blausterne, Narzissen sind frühe Nektartankstellen. Natternkopf blüht von Mai bis August und lockt neben Schmetterlingen auch verschiedene Wildbienenarten an. Disteln wachsen wie Unkraut, sind hübsch, vielseitig und auch eine reiche Nahrungsquelle für Hummeln und Bienen aller Art. Katzenminze ist hübsch, robust und erhält sich so über Jahre an einem

Standort, besiedelt auch Fugen und Lücken. Lavendel hat es gerne warm und trocken, dann blüht er ab Juni und wird von Schmetterlingen umringt. Verschiedene Sorten zu pflanzen oder das duftende Kraut portionsweise zurückzuschneiden, hilft, dass sich bis in den Herbst Blüten entwickeln. Fetthenne ist anspruchslos und blüht bis in den Oktober oder November reich und dekorativ. Auch Herbstastern sind sehr beliebt bei den Schmetterlingen. Efeu blüht spät im Herbst und bietet allen Faltern, die jetzt noch unterwegs sind, Nektar an.

»Leben allein genügt nicht, sagte der Schmetterling. Sonnenschein, Freiheit und eine kleine Blume muss man auch haben.«

HANS CHRISTIAN ANDERSEN

Oder Schmetterlingsflieder pflanzen?

Wo immer er wächst, ist Buddleja von den Flügelwesen und von vielen anderen Insekten umschwärmt. Aber der Schmetterlingsflieder ist ein sehr ausbreitungsfreudiger Geselle und bei uns nicht heimisch. Er wird als ein invasiver Neophyt sehr argwöhnisch beobachtet. Ein Kompromiss: In großen Kübeln auf der Terrasse macht er keinen Unsinn und erfreut die Schmetterlinge. Wird er dann nach der Blüte geschnitten, können sich keine Samen bilden und in die weite Welt verbreiten – und im nächsten Jahr blüht er wieder schön.

Schmetterlinge der Nacht

Verglichen mit den bunten Schmetterlingen sind die Nachtfalter eher unscheinbar, meist braun und grau. Ihr Nachtleben hat den Vorteil, dass dann außer Fledermäusen kaum Fressfeinde unterwegs sind. Sie müssen sich deshalb nicht mit Blütenfarben tarnen oder mit großen »Augen« auf den Flügeln warnen. Es sind auch keine Farben nötig, um potenzielle Partner anzulocken. Entscheidend für die meisten Falter ist der Geruch. Auch ihre Blüten finden sie oft über deren Duft. Wer seinen Nachtfaltern etwas Gutes tun will, verzichtet auf Gartenbeleuchtung und sät oder pflanzt nachts duftende Blumen, damit die Tiere was zu fressen haben, beispielsweise Nachtkerze, Seifenkraut, Geißblatt oder Nachtviole. Faulende Früchte sind aus Sicht der Nachtfalter und der Tagfalter ebenfalls ein leckeres Essen, Fallobst sollte deshalb auch mal liegen bleiben. Hat sich einer ins Haus verirrt, keine Sorge: Es sind keine Motten, die an die Kleider gehen. Die sind klein und flattern aus dem Kleiderschrank. Nachtfalter tun nichts. Tragen Sie diese Exemplare vorsichtig in eine dunkle Gartenecke.

Unkraut gibt's auch nicht

Es ist eine Erfindung der Menschen, Pflanzen »Unkraut« zu nennen, weil sie ihnen in die Quere gekommen sind. Klar, wer vom Getreide- und Gemüseanbau lebt oder im eigenen Garten Kartoffeln, Gemüse und Kräuter ernten will, möchte verhindern, dass konkurrierende Pflanzen Wasser und Nährstoffe entziehen, Schatten werfen und dann auch noch die Ernte erschweren. Aber warum stört »Wildwuchs« in Staudenbeeten, im Rasen, in Pflasterfugen und an Straßenrändern?

Unkraut, Beikraut, Wildkraut

Mag sein, das Wort »Unkraut« ist nicht mehr so salonfähig wie lange Zeit, wir sind ja allmählich geübt in wertschätzender politisch korrekter Sprache und nennen die störenden Pflanzen anders. Wir behandeln sie aber meist noch genauso: weg damit. Weil Gärtnerinnen und Gärtner es nach wie vor nicht mögen, wenn sich in ihrem Reich einfach jemand so bewegt, wie es ihm gefällt, und damit das Gartenkonzept stört.

Echte Pioniere

Oft verkörpern Unkräuter die schiere Lebenskraft, sie sprengen Asphalt, produzieren auf »Nichts« und nackter Erde Biomasse, Sauerstoff und Samen. Ihr Pioniergeist ist großartig. Sie lassen sich auch von jätenden Menschen oder fressenden Tieren, schlechtem Wetter, Wasser und viel zu vielen Nährstoffen nicht aufhalten. Auch wer es gerne ordentlich hat, sollte Giersch und Co. respektieren für das, was sie leisten, und für die Mengen an Biomasse und Sauerstoff, die sie produzieren. Die Samen sind leicht und zahlreich und können mit dem Wind überall hinfliegen. Ein paar wenige erfolgreiche Keimungen reichen, dann geht es los mit der Ausläuferbildung. Lange bevor die Pflanze blüht und neue Samen gebildet hat, die dann ja erst im nächsten Jahr wieder keimen und noch mehr Pflanzen bilden könnten, ist die nackte Erde schon bewachsen und oberirdisch mit Grün bedeckt. Das Bodenleben bekommt ein Dach über dem Kopf, kleine und große Pflanzenfresser finden reichlich Biomasse. Unterirdisch wird der Boden durchwurzelt, gelockert und belüftet. Viele hübsche Pflanzen und Tiere können erst kommen, wenn Unkräuter ihnen den Weg bereitet haben. Wer Unkraut einfach aus Prinzip entfernt, sollte sich stets fragen, warum er das tut. Oft gibt es nämlich außer Ordnungssinn keinen Grund. Und wenn es sein muss, dann so schonend wie möglich. Die gejäteten Pflanzen können Sie zu Jauchen machen oder vor der Samenbildung auf den Kompost geben. Dann bleiben sie im Nährstoffkreislauf.

Einfach aufessen

Unkräuter können Sie auch noch ganz anders sehen: als vitales Kraut, als wildes Gemüse, das Sie ernten können, ohne es vorher säen und pflegen zu müssen. Okay, Schöllkraut ist giftig, Quecke schmeckt fies – aber viele andere ungebetene Gartenbewohner sind für den Kompost viel zu schade, weil sie voller Geschmack und Nährstoffe stecken; und der ein oder andere geschmacklich eher unauffällige Vertreter wie zum Beispiel das Gänseblümchen bringen mit ihren Blüten zumindest optische Würze ans Essen. Die Schlimmsten sind dabei die leckersten: Die hellgrünen, gefiederten Giersch-Blättchen sind frisch-herb wie Möhre und Petersilie, die zarte Vogelmiere erinnert geschmacklich an Erbsen und das flaumig behaarte Franzosenkraut schmeckt wie Spinat.

Der gängige Zubereitungstipp für Einsteiger: Alle nicht giftigen Wildkräuter können wie eine Art Spinat gegessen werden. Sollte in Ihrem Garten nur wenig Unkraut wachsen, frieren Sie jeweils portionsweise ein, was Sie finden können – bis es dann wieder eine große Portion ergibt, die für eine Suppe oder einen Auflauf reicht. Vorher kurz blanchieren. Roh können Sie die Pflänzchen unter Blattsalate mischen, in Tomaten- oder Gurkensalat schnibbeln oder als puren Wildkräutersalat anrichten. Je jünger die Pflanzen, desto zarter schmecken sie – und wenn sie blühen, sind sie definitiv zu alt. Das Beste daran: Wer weiß, wie lecker Unkraut schmeckt, wird sich nie wieder auf einen aussichtslosen Kampf gegen seine Ausbreitungskraft einlassen müssen. Er wird es auch nicht mehr Unkraut nennen. Sondern als neues robustes, pflegeleicht und unentwegt nachwachsendes Gemüse sehen, das sich mit regelmäßigem Ernten locker und lecker im Zaum halten lässt.

Rezept für Wildkräuterpesto

Für ein Pesto statt Basilikum 3 Handvoll ganz junge Blätter von Giersch und Co. mit Öl, Pinienkernen, Käse nach Belieben und Knoblauch pürieren. Wem das zu herb ist: Auch eine quietschgrüne, krachgesunde Suppe lässt sich schnell zubereiten, wenn Sie die Kräuter waschen, in Salzwasser kochen, mit einem guten Schuss Schlagsahne oder Pflanzensahne pürieren und mit Salz und Pfeffer oder anderen Gewürzen nach Belieben abschmecken.

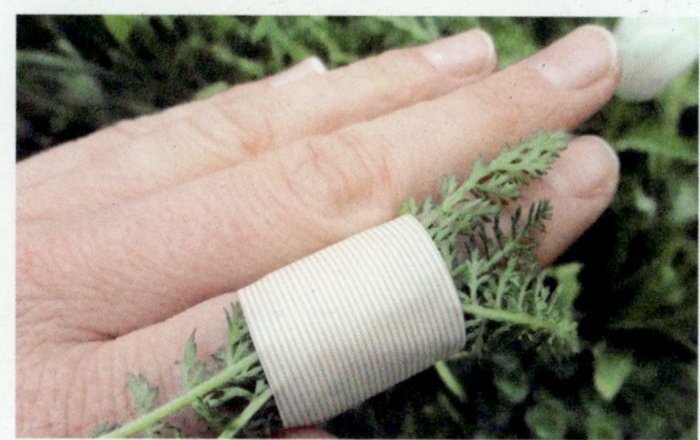

Wildkräuter für die Hausapotheke

Spitzwegerich ist ein sehr altes Heilkraut. Er ist anspruchslos und strapazierfähig, weswegen er fast überall wächst, auch auf Plätzen und Wegen. Seine Blätter (auch die des noch häufigeren Breitwegerichs) eignen sich gut als Wald- und Wiesenpflaster, wenn man sich eine Blase gelaufen hat. Dafür ein paar Blätter pflücken, zerreiben oder zerkauen oder »auswringen«, sodass die Pflanzensäfte austreten. Diesen Blätterbrei auf die verletzte, entzündete, juckende oder brennende Stelle legen. Mit einem großen, weichen Blatt abdecken und mit einem stabilen Halm oder Ähnlichem festbinden.

Schafgarbe hilft mit ihren Gerbstoffen, wenn es blutet. Diese Pflanze mit den fein gefiederten Blättern und dichten, duftenden Blütenschirmen gibt es meist in Weiß, manchmal mit einem Hauch von Rosa und als Zuchtform in vielen Farben. Wenn dem Kind ein Milchzahn ausgefallen ist, kann es auf Schafgarbenblättern herumkauen, und wer sich geschnitten hat, klebt sich ein Schafgarbenpflaster auf die Wunde. Entkrampfend und verdauungsanregend wirkt das bitter schmeckende Kraut als Tee oder Badezusatz.

Beifuß ist ein uraltes Gewürz, aber es hilft auch, auch wenn man sich die Füße müde gewandert hat, frische oder trockene Blätter in einem Fußbad sind eine Wohltat.

Giersch wirkt beruhigend und lindernd und ein Brei aus seinen Blättern hilft gegen Brennnesseljucken, Mückenstiche und Eichenprozessionsspinner-Quaddeln.

Gut gemulcht, ist halb gegärtnert

Mulch ist gut für den Garten und die Gärtner, vor allem im Sommer ist er eine echte Hilfe: Man muss weniger gießen und jäten, wenn zwischen den Pflanzen nicht nur nackte Erde zu sehen ist. Das freut auch die Tier- und Pflanzenwelt und die Lebewesen im Boden, die uns bei der Gartenarbeit ebenfalls unterstützen.

Warum mulchen?

Mulch wird wegen des Klimawandels immer wichtiger: Er schützt den Boden vor starker Trockenheit und Hitze, puffert Starkregen und reguliert die Bodentemperatur. Mulch bremst Beikräuter, gibt der ganzen Gemeinschaft an Bodenlebewesen ein Dach über dem Kopf und liefert ihr Nahrung. Wenn Sie mulchen, müssen Sie sich übers Gießen und Düngen kaum noch Gedanken machen.

Rindenmulch und gehäckseltes Holz

Typischerweise kennen wir den Rindenmulch, der in Beeten und Rabatten liegt: zerkleinerte Baumrinde, Abfall aus der Forstwirtschaft, Überbleibsel vom Schälen der gefällten Bäume. Er wird in Gärten und Parks als Bodenbedeckung benutzt.

Hackschnitzel sind klein geschnittenes oder -geschlagenes Holz. Sie werden eigentlich zu Spanplatten oder Holzdämmstoffen verarbeitet, sie sind Rohstoff für die Papierindustrie und immer häufiger Brennstoff in Kraftwerken oder auch in Wohnhäusern direkt in der Holzheizung.

Beides Naturprodukte also. Und diese Naturprodukte sollten auch möglichst naturbelassen sein, weder sollte sich Unrat darin finden, wie Glasscherben oder Folie, noch Schadstoffe. Wer beim Kauf auf das RAL-Zeichen 250/1 achtet, kann sicher sein, dass tatsächlich nur Baumrinde verwendet wurde und keine unerwünschten Stoffe enthalten sind. Was sich nicht wirklich vermeiden lässt, ist ein relativ hoher Schwermetall-

gehalt, viel Cadmium in Rindenmulch zum Beispiel ist immer mal wieder ein Thema. Für den Gemüsegarten ist dieser Mulch deshalb sicherlich nicht das Richtige.

Kein Tropenholz!

Beim Kauf von Rindenmulch bitte auch auf die Herkunft achten. Er sollte nachhaltig produziert sein und nicht von Tropenhölzern stammen. Zum Abdecken der Rabatten alternativ (selbst) geschredderte Äste und Zweige verwenden.

Grünzeug für die Regenwürmer

Mulchen lässt sich nicht nur mit zerkleinertem Holz, sondern ganz allgemein mit totem organischen Material, das in einer dünnen Schicht auf die Gartenerde gegeben wird. Alles, was Sie auch kompostieren könnten, können Sie prinzipiell als Mulch verwenden: Laub, Staudenschnitt, Mähgut, Gründünger, Wasserpflanzen aus dem Teich, gejätete Pflanzen ohne Samen. Damit wird der Boden nicht nur bedeckt, sondern auch mit Nährstoffen angereichert.

So geht's: Überlegen Sie sich, welcher Mulch wohin soll. Am besten kommt es da hin, wo Sie es hergeholt haben oder wo es hingehört: Erntereste aufs Gemüsebeet, Grasschnitt auf den Rasen, Laub unter die Sträucher. Wenn Sie mit gejäteten Wildkräutern mulchen, dann vor deren Samenreife. Vorher die Fläche einmal wässern oder einen regnerischen Tag abwarten. Mulchen Sie eine Schicht bis zu einer maximalen Höhe von drei Zentimetern. Es soll ja nicht wie ein Unkrautvlies bis in alle Ewigkeit dort liegen, sondern von den Bodenlebewesen zersetzt werden. Wenn Sie grüne Pflanzen als Mulch ausstreuen, können Sie fast dabei zusehen, wie die Regenwürmer zur Fütterung aus der Erde kommen und die Hälmchen und Blättchen in tiefere Bodenschichten befördern. Gemeinsam mit dem Trupp an Bodenorganismen sorgen sie dafür, dass das Pflanzenmaterial zerkleinert wird und neue Nährstoffe für das Pflanzenwachstum frei werden.

Lebendmulch

Lebendiger Bewuchs ist oft noch viel besser als eine tote Schicht als Mulch. Veilchen, Storchschnabel, Wald-Erdbeeren, Frauenmantel, Thymianarten oder niedrig wachsende Glockenblumen weben einen grünen Teppich, der je nach Jahreszeit auch noch mit Blüten und Früchten aufwartet und so auch Insekten und Vögeln reichlich Nahrung bieten kann. Efeu bleibt ebenfalls durchaus mal am Boden und auch so manches »Unkraut« ist wunderschön: Der kriechende Günsel zum Beispiel ist der perfekte Bodendecker für kleine schattige Ecken. Er bildet Rosette um Rosette und treibt lilablaue Blütenkerzen. Auch unter Hecken sollten nicht alle Flächen mit Hackschnitzeln abgedeckt werden. Heimische Pflanzen, die dort als blühender Saum die Sträucher begleiten, ernähren Wildbienen oder Falter. In die Rabatten können Sie auch Sommerblumen säen; die meisten sind Lichtkeimer und kommen nur dort hervor, wo eben eine Lücke ist und sie gebraucht werden. Wächst da schon was, ist es zu dunkel, bleiben sie als Samen im Boden und warten auf die nächste Gelegenheit. Wählen Sie niedrige Sorten und Mischungen, dann drängeln sie sich nicht allzu sehr in die Höhe und in den Vordergrund.

It`s party time

Ein Garten ist auch zum Feiern da. Für die Sommerparty, Geburtstage und spontane gute Gelegenheiten. Nicht zu allen Zeiten lässt sich unbeschwert feiern. Aber wer feiert, kann das auf jeden Fall enkeltauglich machen, vor allem ohne Einweggeschirr.

Wo gefeiert wird, wird gegrillt

Tausende Tonnen Holzkohle, gemacht aus Tausenden Tonnen Bäumen, verfeuern wir hierzulande jedes Jahr. Für ein gutes Steak und ein uriges Freizeiterlebnis. Das fördert den Raubbau an Urwäldern, es sei denn, Sie verwenden »gute« Kohle, die aus heimischem oder kontrolliertem Anbau stammt oder aus Resten und Abfall hergestellt worden ist. Klar und deutlich angegeben ist es selten auf der Packung. So oder so bleibt dann noch das Thema Feinstaub. Auch beim Anzünden kann man manches besser machen. Statt chemischer Beschleuniger sind kleine Äste, Stöckchen oder Wollreste gut geeignet.

Was Sie auf den Rost legen, ist ebenfalls mehr oder weniger enkeltauglich: je vegetarischer, desto besser. Pflanzliches lässt sich wunderbar grillen und bringt mit buntem Gemüse dazu noch viel Farbe auf den

Tisch. Wenn Fleisch, dann bitte aus artgerechter Haltung, bio und regional. Und beim Fisch sollten Sie auf das MSC-Siegel für nachhaltige Fischerei achten, das bietet zumindest eine gewisse Sicherheit.

Mehrweg statt Einweg

Plastik-Wegwerfgeschirr ist praktisch, aber unnachhaltig hoch drei. Alle Alternativen aus beschichteter Pappe ebenfalls. Auch Bambusgeschirr besteht weniger aus Bambus als aus Kunststoff und Kleber. Diese Verbundstoffe sind schwer sortenrein zu recyclen, geschweige denn in der Kompostierungsanlage zu zersetzen. Selbst rein aus Pflanzenteilen wie Palmblättern hergestellte Produkte sind als Wegwerfartikel konzipiert. Und außerdem teuer und aufwendig produziert und transportiert.

Die Lösung: Jeder Gast bringt sein eigenes Geschirr mit, die paar Vergesslichen werden dann aus vorsorglich angelegten Beständen versorgt. Eine Kiste mit Omas Tellern und Besteck oder einer Auswahl vom Flohmarkt hat im kleinsten Haushalt Platz. Sie müssen dann nicht Ihr gutes Porzellan im Garten verwenden und haben weiterhin Verwendung für besondere Erinnerungsstücke.

Wenn Sie sich Getränke in Glas-Pfandflaschen liefern lassen, können Sie oft für wenig Geld Gläser mitbestellen. Leitungswasser können Sie in Glaskaraffen mit Zitronenscheiben oder Minzblättern anbieten. Besser und schöner als der Plastikpack vom Discounter.

Noch mehr Ideen: Sammeln Sie einiges von dem, was übers Jahr an Beerenschälchen, Tomatenkartons und Milchverpackungen anfällt. Sie lassen sich als Schälchen für Snacks und Salat nutzen, auseinandergeschnittene Tetrapacks eignen sich als Unterlage für Grillgut und Gemüsespieße. Auch große Gemüseblätter eignen sich dafür. Und wenn es Fingerfood gibt, wird auch kein Besteck benötigt. Lebensmittelabfälle lassen sich ebenfalls gemeinschaftlich vermeiden: Schreiben Sie gleich mit in die Einladung, dass Ihre Gäste eine Dose für Reste mitbringen dürfen.

Dekoration aus dem Garten

Ausgeputzte Blüten lassen sich mit Nadel und Faden zu einer Girlande auffädeln, das hält den ganzen Abend, sieht super aus und kostet nichts. Als Tischdeko eignen sich leere Marmeladen- und Einmachgläser, verziert mit Blüten und bestückt mit duftenden Kräutern. Auch (alufreie) Teelichter und Kerzen finden darin Platz.

Beleuchtung statt Lichtverschmutzung

Beim geselligen Beisammensein am Abend braucht es natürlich Licht. Generell sollten Sie Ihren Garten aber nicht unnötig beleuchten. Licht macht zwar nicht wirklich Dreck, zu viel davon heißt aber trotzdem Lichtverschmutzung. Insekten orientieren sich am Licht. Nachtfalter zum Beispiel sind abends und in der Nacht eigentlich mit Futter- und Partnersuche beschäftigt, auf der Suche nach hell leuchtenden Blüten. Lampen sind noch viel heller und werden als Erstes angeflogen. Selbst wenn die Lichtquelle nicht heiß ist und das Tier nicht verschmort, wird es in diesen Nächten verhungern, ohne sich fortgepflanzt zu haben. Und: Findige Insektenjäger wie Spinnen oder einige Fledermausarten sind dann genau dort zur Stelle, um die erschöpften Nachtfalter zu ernten wie reifes Obst. Werden Büsche und Bäume oder andere Gartenelemente rund um die Nacht angestrahlt, um sie in Szene zu setzen, werden vor allem die Vögel beim Brutgeschäft gestört. Wichtig ist »Lichtruhe« vor allem von April bis Oktober, wenn nachtaktive Tiere wie Falter und Glühwürmchen unterwegs sind. Zur ruhigen Winterzeit können Sie ruhig ein bisschen Leuchten in den dunklen Winter bringen. Aber natürlich soll auch im Sommer niemand stolpern, Wege und Treppen müssen sicher sein. Bewegungsmelder sind hier das Mittel der Wahl. Sie machen dann dort Licht an, wo es gebraucht wird.

Leuchtende Abendblumen

Wenn das Licht schwindet und der Sehsinn zu Bett geht, werden die anderen Sinne wach. Wir hören, fühlen, riechen mehr. Duftende Pflanzen sind ideal, um den Garten auch im Dunkeln zu erleben. Mondschein-Dufter blühen auf, wenn es Nacht wird, um mit ihrem Duft Insekten anzulocken: die Nachtviole zum Beispiel, verschiedene Duftpelargonien oder auch die Nachtkerze, die von Juni bis Oktober Abend für Abend neue Blüten öffnet. Auch Kräuter riechen oft noch angenehm. Helle Blüten wirken auch am Abend: Blüten in Gelb, Orange oder Rot verstärken das warme Licht der untergehenden Sonne, in der diffusen Dämmerung haben blaue Blüten ihren großen Auftritt. Lavendel und Katzenminze beispielsweise, die auch noch mit ihrem silbrigen Laub schimmern. Weiße Blüten leuchten noch im fast Stockdunklen, zum Beispiel die Sommer-Margerite. Von Juni bis Ende August blüht sie leuchtend weiß, strahlt durch die Nacht, hält auch im Regen die Stellung, zieht sich am nächsten Morgen diskret wieder in den Hintergrund zurück und bietet als Begleitstaude den bunten Stars des Tages eine schöne Kulisse. Schleierkraut, besonders die höher wachsenden Sorten, schweben wie Sternchenwolken im nächtlichen Einheitsgrau der anderen Stauden und blühen von Juli bis September. Weiße Taubnesseln sind anspruchslose Dauerblüher, die vielen Insekten Nahrung bieten.

Wasser (sparen) marsch!

Wasser zu sparen schien in unseren Breiten nicht ganz so wichtig zu sein, aber die letzten trockenen Sommer belehren uns eines Besseren. Wasserknappheit wird auch hierzulande bald ein Thema sein, und unser Lebensstil beeinflusst die Wasservorräte in anderen Regionen der Welt bereits jetzt. Sorgsam und sinnvoll mit dem Element des Lebens umzugehen, ist auch im naturnahen und pflegeleichten Garten wichtig.

Richtig gießen

Das Wasser direkt an die Pflanze auf die Erde bringen, also gezielt mit der Kanne oder mit einem Tropfschlauch wässern, ist besser, als einfach von oben mit dem Wassersprenger darüberzugehen. Zwar verbrennen selten die Blätter der Pflanzen, aber es verdunstet eine Menge Wasser, statt zu versickern. Und was auf dem Boden landet, befeuchtet eher die Oberfläche. Der Boden wird nicht bis zu der Tiefe, in der die Wurzeln überhaupt erst liegen, durchfeuchtet. Besser, auch in einer trockenen Phase: alle paar Tage richtig viel gießen, statt jeden Tag ein bisschen.

Wasser sammeln

Stellen Sie Tonnen und Wannen auf, um Regenwasser zu sammeln und Grundwasser zu sparen. Wer mit der Kanne seinen Garten wässert, statt mit Schlauch und elektrischer Pumpe, spart außerdem Strom.

Wer Platz, Geld und viel zu gießen hat, kann eine Zisterne einbauen, das ist eine Art unterirdischer Wassertank. Damit lässt sich im Idealfall auch der Grauwasserkreislauf für Toilette und Waschmaschine betreiben. Ganz generell empfiehlt es sich, den Garten kleinräumig vielfältig zu gestalten: mit Hügeln, Senken, Mulden, Wällen und Hecken. In den Vertiefungen sammelt sich Wasser und versickert nach und nach, Hecken und Erhebungen bremsen den Wind und die Austrocknung.

Oder wie wäre es mit einem Regengarten? Er wird so gestaltet, mit Gefälle und passender Bepflanzung, dass alles Wasser zu einer etwas größeren – natürlichen oder extra angelegten – Senke im Garten gelenkt wird. Dort werden feuchtigkeitsliebende Pflanzen angesiedelt, ein schönes Extra-Biotop. Das Wasser versickert dort und geht sofort wieder ins Grundwasser über und verschwindet nicht rauschend in der Kanalisation.

Der Preis für Billigtomaten

Global betrachtet ist auch entscheidend, wie viel Wasser wir anderswo verschwenden. Erdbeeren und Tomaten aus Spanien haben nicht nur lange Transportwege hinter sich. Um sie zu produzieren, wird viel Wasser verbraucht, denn sie wachsen ja in warmen und trockenen Gefilden. Ihre Wasser- und Klimabilanz ist ebenso schlecht wie die Arbeitssituation vieler Pflückerinnen und Pflücker. Viele Migranten arbeiten dort, oft ohne Vertrag und unter menschenunwürdigen Bedingungen. So können die importierten Früchte bei uns im Supermarkt billiger sein als einheimische Produkte. Beim Einkauf auf die Saison und auf Bio-, regionalen und fairen Anbau zu achten, trägt dazu bei, dass nicht andere den realen Preis für Billigware zahlen.

Richtig gießen heißt auch: wenig gießen. Und dafür muss man richtig pflanzen und gärtnern. Also das säen und setzen, was gut auf dem Standort klarkommt und nicht ständig »betüdelt« werden muss. Eine Wiese oder einen Blumenrasen statt einem Sportrasen anzulegen, spart eine Menge Wasser.

Wasser für die Tierwelt

- Ein bisschen Wasser ist für viele **Vogelarten** lebenswichtig: zur Kühlung oder zur Federpflege – und natürlich, um den Durst zu stillen. Den Vögeln Wasser anzubieten, ist also immer sinnvoll. Und als Nebeneffekt bleiben Ihnen dann auch mehr von Ihren Erdbeeren und Kirschen, denn die Vögel fressen die saftig süßen Früchte auch wegen ihres Wassergehalts. Reinigen Sie die Tränke oder das Bad daher mindestens einmal in der Woche mit Bürste und heißem Wasser, je wärmer es ist, desto häufiger, damit sich keine Krankheitserreger ausbreiten können.
- Auch **Insekten** brauchen Wasser, zum Trinken oder um ihr Nistmaterial herzustellen. Füllen Sie Blumenuntertöpfe, flache Schalen oder Ähnliches mit kleinen Steinchen. Auch Blähton, Muscheln, Schneckenhäuser eignen sich. Mit frischem Wasser so auffüllen, dass die Füllung zur Hälfte aus dem Wasser schaut. So können die Tiere landen und trinken, ohne zu ertrinken. Das Wasser sollte in regelmäßigen Abständen ausgetauscht werden.

Säen für einen blühenden Herbst

Im Frühling und Sommer haben Insekten einen reich gedeckten Tisch. Ab August wird das Buffet zunehmend karger: Im späten Sommer und Herbst sind viele Blumen verblüht. Dann ist es wichtig, Samenstände nicht abzuschneiden und außerdem für reichlich Nachschub zu sorgen.

Herbstbuffet für Gartentiere

Siedeln Sie spät blühende Stauden an, so haben Sie Nektar und Pollen für die fliegenden Gäste und Sie selber auch einen schönen Anblick: Fette Henne, Herbstastern, Glockenblumen, Sonnenblumen, Sonnenhut, Ochsenzunge, Indianernessel, Herbstanemone, Herbstsonnenbraut und Wasserdost können Sie jetzt noch pflanzen, sie kommen dann jedes Jahr wieder.

Kräuter wie Lavendel, Minze, Zitronenmelisse blühen lang und auch ein zweites Mal, wenn sie zurückgeschnitten werden. Machen Sie das am besten nicht nur einmal, sondern etappenweise den ganzen Sommer, so treibt immer wieder etwas durch und blüht bis weit in den späten Herbst. Schafgarbe, Mohn, Margeriten und Färberkamille ebenso portionsweise zurückschneiden oder jetzt im Sommer fürs nächste Jahr noch mal nachsäen. Das gilt auch für Einjährige wie Ringelblume, Kapuzinerkresse und Tagetes.

Insektenfreundlich ist es, Wildpflanzen gewähren zu lassen und nicht zu jäten; denn sie kommen oft dann, wenn sie gebraucht werden. Disteln, Brennnesseln, Knopfkraut und Löwenzahn bieten sich ganz von alleine an als Insekten- und Vogelfutter, ohne dass Sie aktiv werden müssen.

Werden Sie Distelfan

Distelblüten sind eine üppige Nahrungsquelle für Hummeln und Bienen, Käfer und Schmetterlinge sowie viele ganz kleine Tierchen, die dann wiederum Marienkäfer und andere »Raubtierchen« anziehen. Die fluffigen Flugsamen mögen vor allem Vögel, an den Distelblättern fressen Schmetterlingsraupen. Je nach Wuchsort bilden Disteln mehr oder weniger Stacheln, in Skandinavien sind Disteln oft weicher als zum Beispiel auf den von robusten Ziegen beweideten kargen Hängen in den Mittelmeerländern. Ein wichtiger Teil des Überlebenskonzepts sind auch die tiefen Wurzeln: Würde die ganze Pflanze doch mal von einem hungrigen Maul ganz herausgerissen werden, könnte sie schnell wieder durchtreiben. Wunderbar aus Sicht der Natur – anstrengend und fordernd aus Sicht der Gärtner, wenn man sie denn als Unkraut sieht. Dabei machen sie so wenig Arbeit: Die meisten Arten kümmern sich praktischerweise via Selbstaussaat darum, im Garten erhalten zu bleiben, besondere Pflege brauchen sie nicht. Es gibt so viele Arten, dass allein Disteln einen Garten bunt und blühend gestalten könnten, und die Tierwelt wäre auch noch glücklich. Auch im Winter sehen sie mit ihren hübschen Samenständen noch schön aus und die dicken Stängel bieten Unterschlupf für Käfer und andere Insekten. Deshalb bitte stehen lassen!

Vorarbeiten für das nächste Jahr

Planen Sie langfristig und säen Sie jetzt Zweijährige fürs nächste Jahr: Stockrosen, Fingerhut, diverse Glockenblumen, Nachtkerzen und Königskerzen. Erinnern Sie sich ans Frühjahr: Wie war das Angebot an Schneeglöckchen und Krokussen, Wintersternen und Buschwindröschen? Jetzt kommt bald der richtige Zeitpunkt zum Pflanzen. Auch wenn Sie Ihren Gartentieren noch mehr Heckengehölze, Beerensträucher und Rosenbüsche spendieren wollen – und viele Vögel brauchen ihre Früchte als Nahrung –, jetzt schon planen, denn bald ist es Herbst und Pflanzzeit.

Im Gemüsebeet

Auch im Gemüsebeet kann man viel tun. Knoblauch und Steckzwiebeln, die jetzt schon gesetzt werden, wachsen im Frühjahr schneller und Sie können früher ernten. Bei schnell wachsenden Gemüsearten wie Radieschen, Pflücksalat, Spinat, Mangold und Buschbohnen lohnt sich sogar oft das Hoffen auf einen milden Herbst: Wenn Sie jetzt noch säen, können Sie ein weiteres Mal ernten. Auch Erbsen werden manchmal noch etwas, zumindest zarte Schoten zum Naschen werden Sie noch ernten können. Klappt es nicht, freut sich die Tierwelt und der Boden bekommt lebendigen Mulch. Auch Rucola, Kresse und Borretsch können Sie noch in die Lücken säen. Was nicht mehr keimt, wartet aufs nächste Jahr und ist dann umso früher am Start.

Späte Aussaaten von Erbsen bringen bei passender Witterung vielleicht noch süße Schoten, für den Boden aber auf jeden Fall lebendigen Mulch.

Freie Bahn für Kräuter: wachsen lassen, genießen, staunen

Kräuter können nicht nur im Töpfchen oder brav im ordentlich angelegten Kräuterbeet wachsen. Wer den aromatischen Pflanzen in seinem Garten viel Freiheit lässt, wird reich belohnt: mit Blüten für Bienen und Schmetterlinge, wundervollen Duftwolken und gesunden Gemüsepflanzen.

Der antiautoritäre Kräutergarten

Kräuter und Gewürze müssen nicht zusammen in einem speziellen Kräuterbeet angepflanzt werden, im Gegenteil. Die Ansprüche an Boden, Licht und Feuchtigkeit von Rosmarin und Schnittlauch beispielsweise liegen weit auseinander. Besser ist da schon eine Kräuterspirale, in der die Bereiche auf die Bedürfnisse der Pflanzen zugeschnitten werden können. Noch besser: Sie überlassen es den Kräutern selbst, wo sie wachsen wollen. Viele Arten, wie Zitronenmelisse, Oregano, Thymian, Bohnenkraut und Minze, sind wanderfreudig und finden selbst den Platz, wo sie sich am wohlsten fühlen. Sie verbreiten sich via Samen oder mit langen, schnell wachsenden Ausläufern, die sich knapp unter der Oberfläche in alle Richtungen ausbreiten. Wer sie – um genau das zu verhindern – in Kübeln, gemauerten Beeten oder innerhalb von Wurzelsperren hält, muss diesen Standortwechsel simulieren und alle paar Jahre den Boden austauschen.

Viele Kräuter wie Borretsch sind robust und pflegeleicht und wer sie einfach blühen lässt, macht Hummeln, Bienen und Schmetterlingen und vielen anderen Insekten eine riesengroße Freude – und sich selbst natürlich auch: Bis weit in den Herbst hinein blühen sie herrlich, umsummt und umschwirrt in Weiß, Rosa, Hellblau, Lila oder Gelb.

Göttliche Minzen

Minzen sind göttlich und das können Sie wortwörtlich nehmen, zumindest laut einer griechischen Sage. Nach dieser vergnügten sich die zauberhafte Nymphe Mentha und Hades, der Gott der Unterwelt, gerne miteinander – bis Hades' Frau dahinterkam. Vor Wut riss sie Mentha in Stücke und verstreute diese am Fuße eines Berges. Bald wuchs dort überall aus jedem Stückchen ein schönes und sehr wohlriechendes Kraut: die Mentha-Pflanze. Schon in antiken Zeiten gab es solch eine Vielfalt an Minzen, dass keiner sie aufführen und systematisieren konnte. Heute geht das weniger denn je, immer wieder gibt es neue Sorten und auch die Minzen selber helfen gerne eifrig mit. Wer das in seinem Kräuterbeet nicht möchte, sollte Mentha die Blütenrispen stutzen, bevor sich eventuell beim Bestäuben gebildete Kreuzungen versamen. Andererseits entstand die berühmte Pfefferminze genau so: aus einer Liaison zwischen Bachminze und Grüner Minze.

Fairer Handel wirkt: Kräuter und Gewürze aus dem Lebensmittelhandel wachsen oft auf Feldern des Globalen Südens. Beim Einkauf auf Bio-Ware und faire Handelsbedingungen zu achten, hilft den produzierenden Menschen und der Umwelt.

Problemfall Basilikum

Wer gerne Pesto isst, der braucht viel Basilikum, bekommt es aber meist nur im Plastiktopf angeboten. Das ist unökologisch und teuer, besser ist es, ihn selbst anzubauen. Leider ist Basilikum eins der wenigen Kräuter, die nicht »wie Unkraut« wachsen und ein bisschen Fingerspitzengefühl benötigen. Eigentlich ist es total pflegeleicht, nur eben nicht bei uns. Hierzulande ist es ihm schnell zu kalt, zu dunkel und zu feucht. So kann es klappen: Basilikum ab Mai aussäen oder als kleine Pflanzen in der Gärtnerei kaufen. Jedes Pflänzchen braucht rund zwei Zentimeter Abstand zum anderen; in den üblichen Töpfen stehen die Pflanzen dicht an dicht und gehen deshalb schnell ein. In einem großen Tontopf oder Blumenkasten haben sie Platz, sich zu entwickeln. Basilikum braucht viel zu trinken und zu futtern, also regelmäßig kleine Mengen gießen, direkt an die Füße. Und düngen nicht vergessen. Ideal sind etwas Kaffeesatz, Kompost oder Bokashi-Erzeugnisse.

Wichtig ist auch das richtige Ernten: In der Mitte einer Blättergabelung treiben neue Blätter aus, wenn wir die Stängel genau an dieser Stelle abschneiden. Und auf jeden Fall beschneiden, bevor sich Blüten bilden.

Kräuter richtig ernten

Für Salate und Getränke zupfen Sie einfach das frisch ab, was Sie brauchen. Um Kräuter in Mengen zu trocknen, für Tee oder Duftsäckchen, schneiden Sie den ganzen Busch knapp über dem Boden ab. Dazu kurz bevor die Kräuter blühen, etwa Ende Juni bis Mitte Juli, ernten, am besten vormittags, wenn die Blätter trocken sind, aber die Sonne noch nicht mit voller Kraft scheint. Zusammengebunden und kopfüber aufgehängt an einem warmen, luftigen Ort trocknen lassen, danach die Blätter von den Stielen rebeln – fertig. Und was macht man dann damit?

- Küchenkräuter: in gesammelte Gläschen und Döschen verpacken, hübsch beschriften.

- Tee selber mischen: Zitronenmelisse und Minzen sind superlecker, ein bisschen Lavendel und Ringelblumen bringen Farbe rein.
- Blättchen und Blüten pressen und damit gestalten: beispielsweise Geschenkkarten, kunstvolle Bilder und Blätter für die eigenen Rezeptsammlungen.
- Als Dünger und am Ende auf den Kompost: Pflanzenjauche tut Ihren Blumen gut. Beim Gang zur Biotonne oder zum Kompost können Sie außerdem ein paar überzählige Kräuterzweige ernten und mit in den organischen Müll geben, das hilft im Sommer gegen üble Gerüche und ist je nach Kraut auch gut für die Mikroorganismen.

Duftsäckchen selbst gemacht

Nicht jeder, der einen grünen Daumen hat – und zum Beispiel herrlichen Lavendel im Garten ernten kann –, hat Zeit und Lust, hübsche Leinensäckchen zu nähen. Oft bleiben die duftenden Blüten dann einfach am Strauch und landen im Herbst im Kompost, anstatt im Haus Wohlgeruch zu verbreiten und Motten und Mücken in Schach zu halten. Nehmen Sie doch einfach leere Einmal-Teebeutel und füllen Sie ein paar Teelöffel getrockneten und gerebelten Lavendel hinein. Die haben die richtige Größe, sind preiswert, nichts krümelt raus und der Duft kann sich voll entfalten. Mit einer Schleife versehen – die praktisch ist zum Aufhängen –, sieht es außerdem auch hübsch aus. Oder Sie rebeln Blättchen und Blüten Ihrer getrockneten Lieblingskräuter von den Stängeln und füllen sie in Socken. Am besten in die leidigen Einzelsocken, dann hat man für diese auch gleich eine Verwendung. Zunähen oder zubinden, fertig ist das schnelle Kräutersäckchen.

Die Pflaumen sind reif und die Wespen sind los

Wespen können ganz schön nerven. Zur besten Pflaumenzeit umfasst ihr Staat die meisten Tiere, gleichzeitig geht der Sommer zur Neige und es gibt in unserer aufgeräumten Landschaft weniger zu essen. Sie sind in Not, so wie viele andere Arten, aber Wespen gehen auf die Straße – sozusagen – und kommen an den Kaffeetisch und die abendliche Grilltafel, um sich ihren Teil zu holen. Nicht aus Bosheit, sondern um ihren Nachwuchs durchzubringen.

Richtiges Konfliktmanagement

Erstens: *Die* Wespe ist falsch. Es gibt jede Menge Wespen. Nur die Deutsche Wespe und die Gemeine Wespe werden derart »lästig« und sind auch nervös und stichig. Andere Arten wie die Sächsische Langkopfwespe sind völlig friedlich. Schauen Sie als erst einmal genau, bevor Sie selber nervös werden. Nur diese beiden Kurzkopfwespen-Arten haben sich dem menschlichen Leben so

angepasst, dass sie auch Pflaumenkuchen als Treibstoff fressen und klein gekaute Schnitzelstückchen an die Brut verfüttern – nicht nur Pflanzensäfte und Käfer oder Fliegen, ihre eigentliche Nahrung.

Zweitens: Lassen Sie keine Missverständnisse aufkommen. Mit dem schwirrenden Umkreisen der Kaffeetafel versucht die schlecht sehende Wespe, mögliche Objekte ihrer Begierde genau in den Blick zu nehmen, es ist kein Angriff. Wer aber als Mensch zappelt, wedelt oder die Wespe anpustet, lässt die Wespe genau das vermuten: Angriff. Oder: Fressfeind in der Nähe.

Drittens: alles abdecken, nicht aus Dosen oder Flaschen trinken oder nur mit Strohhalm – und vorher schauen, ob jemand darauf sitzt. Verkleckertes sofort wegwischen.

Viertens: Geflügelte Gäste für die Dauer der Mahlzeit in Arrest setzen: am besten gleich die ersten, dann können sie nicht zurückfliegen und die Geschwister holen. Das geht gut mit einem leeren Marmeladenglas und noch viel besser mit einem extra Insektenfänger (als Lebendfalle). Oder Wespen mit Wasser bespritzen; dann denken sie, es regnet, und fliegen zurück ins Nest.

Fünftens: nett sein und die Wespen füttern. Ad hoc mit einer Ablenkfütterung mit überreifem Obst, zehn Meter entfernt von der Kaffeetafel. Langfristig mit einem naturnahen Garten, denn dort finden sie genug kleine Insekten und Früchte, um sich und die Brut zu verköstigen. Das hilft dann auch vielen anderen Insekten über diese Zeit.

Fallen zu Windlichtern

Die bekannte Wespenfalle, sie funktioniert, hat aber in einem enkeltauglichen Garten nichts verloren. Das fruchtig süßsaure Zuckeressiggemisch zieht auch andere, zum Teil streng geschützte Insekten an: Hornissen, Bienen, Käfer, Schmetterlinge … und ist deshalb verboten. Verwenden Sie leere Glasflaschen und Gläser mit Kerzen und Teelichtern lieber für eine schöne Abendbeleuchtung für die Terrasse.

Wespen über Wespen

Es gibt noch viel mehr Wespenarten als Kurz- und Langkopfwespen, und viele davon leben nicht in großen Staaten. Bei den Lehmwespen baut jede ihre eigene Brutzelle, aus Lehm oder Ähnlichem an oder in Steinen, Mauern und Blumenstängel. Auch Grabwespen sind solitär, so nennt man das. Ihre Nester graben sie in den Boden oder in morsches Holz. Und dann gibt es viele, viele andere Arten, Wegwespen, Schmalbauchwespen, Blattwespen zum Beispiel, die zum Teil gar nicht wespentypisch aussehen. Und manche wie Wespen aussehende Insekten sind gar keine: Schwebfliegen zum Beispiel. Sie nutzen nur die Optik der großen Verwandten als Schutz, sie stechen nicht, sie tun nur so. Schwebfliegen ernähren sich von Nektar und Pollen, sie sind ebenfalls wichtige Bestäuber-Insekten. Ihre Larven sind Räuber, Parasiten, Aas- und Abfallfresser und deshalb ebenfalls unsere Verbündeten.

So lässt sich Ärger vermeiden

- Je naturnäher der Garten, desto eher finden die Jungköniginnen ein Plätzchen für ihr neues Volk in Totholzhaufen, alten Bäumen und Sträuchern oder Vogelnestern. Umso seltener suchen sie sich Löcher im Putz an der Hauswand oder in der Isolierung, den Terrassenüberstand oder den Rollladenkasten. Sind sie auf Nistplatzsuche, können Sie die Wespen noch vertreiben. Haben Sie allerdings angefangen, das Nest zu bauen und Eier zu legen, ist es zu spät. Die Tiere und ihre Nester stehen unter Naturschutz. Auskünfte zu Wespen- und anderen Nestern erteilen Städte und Gemeinden.
- Ein Hornissenvolk in der Nachbarschaft hilft auch. Hornissen tun Menschen nichts zu Leide, wenn Sie sich an die auf Seite 115 beschriebenen Umgangsformen halten. Und sie interessieren sich auch nicht für Pflaumenkuchen und Schinkenschnittchen. Sie jagen lieber selbst und ihre Lieblingsbeute sind: Wespen.

Apfelregen und Zucchinischwemme

In manchen Jahren läuft es mit der Ernte: Sie haben einen grünen Daumen und das Wetter spielt mit, schon wissen Sie gar nicht, wohin mit all den Beeren, Äpfeln und den vielen Zucchini. Zu reichlich zum Aufessen, zu schade zum Wegwerfen? Lassen Sie andere am Überfluss teilhaben.

Warum nicht einfach liegen lassen?

Überzähliges auf dem Beet verwelken und vergehen lassen wäre natürlich, es ginge von ganz alleine zurück in den Kreislauf der Natur. Aber es ist Ihr Garten und ein Haufen Fallobstmatsch und gammelnde Zucchini machen ihn nicht schöner, zu schade wäre es sowieso. Ein paar übrige Früchte sind gut für die Gartentiere, große Mengen aber sollten Sie verwerten, verschenken und notfalls kompostieren. Aus dem Kompost wird wieder toller Dünger und davon haben dann auch alle etwas. Ein Tipp ist auch: Kleine Mengen an Resten vergraben, dann verrotten sie in der Erde, circa einen halben Meter tief, auch da wirken sie direkt als Dünger.

Besser: verwerten

Fallobst lässt sich nicht lagern, weil es meistens einen Grund gab, vom Baum zu purzeln, oder weil es Schäden hat: Raupenfraß oder vielleicht ein Sturm, der auch unreife Früchte vom Baum geschüttelt hat. Was noch gut ist, lässt sich putzen und ad hoc verwenden, ob als Apfelstückchen in der Brotdose fürs Schulfrühstück, für einen Kuchen oder schnelles Obstkompott. Also regelmäßig absammeln.

Ist das Obst reif: Dann so viel wie möglich ernten, bevor es runterfällt und sich dabei Dellen und faule Stellen holt. Laden Sie am besten Freunde und Kollegen zum Pflücken ein, jeder geht mit einem Eimer Kirschen nach Hause und freut sich über die Köstlichkeiten, die daraus entstehen. Bringen Sie Ihr Obst zum Entsaften (oder Brennen). Selbst wenn Sie keine Safttrinker sind, eigener Saft ist immer ein schönes Geschenk und Gelee lässt sich auch noch daraus kochen. Fragen Sie auch bei Ihrer Kita, Schule oder der Tafel vor Ort nach, hier sind ein paar Steigen Birnen und Pflaumen schneller weg, als man schauen kann.

Für Technikfreaks

Es gibt mechanische Fallobstsammler, kugelförmige Konstruktionen aus Metalldrähten, die man an einem Stiel über den Boden rollen kann. Im Drahtgeflecht verfangen sich dann Äpfel, Birnen oder Nüsse. Und das Maschinchen arbeitet so vorsichtig, dass manche Menschen sogar Hühnereier damit aufsammeln.

Fallobst am Wegesrand

Sie haben gar kein eigenes Fallobst? Aber überall sehen Sie Kirschen, Äpfel, Birnen und Pflaumen an Alleen und Wegrändern hängen, liegen und vergammeln. Niemand erntet dort, aber Sie würden es gerne tun? Am besten fragen Sie in Ihrer Kommune nach, auf welchen öffentlichen Flächen Obstbäume zum Ernten für die Allgemeinheit angelegt wurden. Dort dürfen Sie zugreifen, natürlich nur in den berühmten haushaltsüblichen Mengen. Auf privatem Grund fragen Sie den Besitzer, oft sind diese froh, wenn Sie etwas loswerden. Früher war es übrigens gang und gäbe, auch zur Versorgung der Stadtbevölkerung, Obstbäume auf öffentlichem Gebiet zu pflanzen. Mit zunehmendem Wohlstand wurden diese abgeholzt, eben aus dem Grund, weil niemand das Obst nutzte. Jetzt werden wieder mehr und mehr Obstbäume gepflanzt. Es entstehen städtische Initiativen wie beispielsweise »essbare Städte«, es gibt Gruppen und Vereine, die sich darum kümmern, und Onlineplattformen, die melden, wo es etwas zu sammeln gibt.

Haben Sie alle Nachbarn, Arbeitskollegen und Freunde schon versorgt? Verschenken können Sie Obst und Gemüse auch über moderne Onlineplattformen zum Food-Sharing oder einfach so, in einem Korb an der Straße.

Der Herbst, der Herbst …

… lässt sich meist Zeit, bis er so richtig auf Touren kommt, beim aktuellen Klima dauert es noch länger. Im September und Oktober ist es oft noch spätsommerlich, vieles blüht noch oder schon wieder. Statt zu ackern und zu schuften und den Garten winterfest zu machen, genießen Sie lieber einfach in Ruhe das, was am Klimawandel genießenswert ist: das goldene Wetter. Schneiden Sie am besten gar nichts runter, es kommen immer mal noch ein warmer Tag und eine hungrige Hummel. Lassen Sie ein paar Sonnenblumen stehen oder liegen und auch die verblühten Samenstände von Fetter Henne, Schafgarbe, Glockenblumen, Stockrosen und Co. sind gehaltvolles Vogelfutter für viele Arten. Manche Pflanzen sind Wintersteher und geben ihre Samen erst nach und nach frei, und auch wenn sie leer sind, sehen sie noch gut aus. In den hohlen Stängeln der verwelkten Blumen überwintern zudem Florfliegen, Käferchen und andere Insekten. Diese Winterquartiere samt Bewohnern gehören nicht auf den Kompost. Wem trotz allem nach Geschäftigkeit und Gartenarbeit ist: Lenken Sie diese in enkelfreundliche Bahnen. Konservieren Sie Ihre Ernteschätze für den Winter, bauen Sie Hochbeete, legen Sie Senkgärten an oder bauen Sie aus abgeschnittenen Ästen und Ruten eine passenden Rahmen für einen Herbsthaufen. Das Gemüsebeet lassen Sie, wie es ist: Kräuter und Zwischensaaten sind nach wie vor Futter und Wohnraum für Gartentiere. Der Frost und kleine zersetzende Lebewesen werden sich der Sache bis zum nächsten Frühjahr schon annehmen. Das gilt auch für das Gemüse, das Sie nicht mehr ernten: blühen lassen und, solange es nicht fault, liegen und leer picken lassen. Aus dem Blattwerk wird Mulch, und Vögel knabbern die Samen aus Dill- und Fencheldolden.

Im Herbst den Frühling pflanzen

Blütenmeere aus Krokussen, Winterlingen, Hyazinthen und Osterglocken: Besonders beeindruckend sind sie in Parks, botanischen Gärten und Schlossanlagen. Im Kleinen geht es auch im Garten. Wer den Frühblühern einen guten Start bereitet, braucht sich bald um nichts mehr zu kümmern. Wie immer allerdings, ist gut geplant und richtig gepflanzt die halbe Blüte. Und dafür ist im Herbst der richtige Zeitpunkt.

Wohin und wie

Ideal sind – wie in den Parks – Standorte unter Bäumen und Sträuchern. Wichtig ist, dass sich dort kein Wasser staut, denn sonst verfault der Zwiebel-Frühling spätestens im folgenden Sommer. Ausnahme sind die Schachbrettblumen; die lieben nasse Füße und sind dann kaum zu bremsen. Freie Rasen- oder Wiesenflächen eignen sich auch, wichtig ist ausreichend Licht zur Blütezeit. Denn so können die Frühblüher reichlich Fotosynthese betreiben, viel Energie sammeln und damit starke Zwiebeln bilden, die gut über den Sommer und den nächsten Winter kommen, damit sie im nächsten Jahr wieder leuchten und blühen.

Wie gepflanzt wird, steht meist auf den Packungen, wer Zwiebeln lose kauft, ertauscht oder geschenkt bekommt, kann mit dieser Faustregel arbeiten: Wurzeln nach unten, Spross nach oben und die Zwiebeln zweimal so tief eingraben, wie ihr Durchmesser misst.

Wer ein Beet neu anlegt, ist fein raus: Boden entsprechend tief abtragen, lockern und vielleicht etwas Kompost einarbeiten, die Zwiebeln hineinlegen – oder werfen, das sieht dann von Anfang an natürlich aus. Mit Erde auffüllen, fertig. Auf einer Wiese Grassoden abstechen und hochklappen und genauso verfahren und zum Schluss den Grasdeckel wieder aufsetzen. Zwischen Baumwurzeln und Staudenrhizomen kann es schwierig werden. Dann empfiehlt sich ein Blumenzwiebelstecher; eine Eisenstange oder ein selbst gemachtes Pflanzholz aus einem Astabschnitt tun es aber auch. Löcher in der passenden Tiefe in die Wiese oder zwischen die Blumen stechen, Zwiebeln rein, lockere Erde drauf.

Damit die Zwiebelpflanzen dann immer weitere Kreise auf der Wiese und in den Beeten ziehen und wie vom Künstler arrangiert mal hier, mal da und überall auftauchen, ist nicht in erster Linie wichtig, dass sie laut Verpackungsaufdruck »zum Verwildern geeignet« sind. Sondern dass sie Samen bilden – also nicht die Blüten abschneiden – und dass sich die Samen auch verbreiten oder von Ameisen verbreitet werden (siehe Seite 83). Beim Verwildern nachhelfen können Sie als Gärtnerin und Gärtner also auch, indem Sie die Ameisen gewähren lassen und natürlich indem Sie nach der Blüte die Horste teilen und die Zwiebelchen an neue Orte setzen.

Woher und wann

Beim Pflanzen ist der richtige Zeitpunkt wichtig und vorher die richtige Lagerung der Zwiebeln: trocken, wenn sie es trocken will, feucht, wenn sie feucht bleiben muss. Womit klar ist, dass es nicht zu empfehlen ist, Angebots-Misch-Beutel im August zu kaufen. Auf der sicheren Seite ist man beim Einkauf in Staudengärtnereien und im Gartenversandhandel, hier kann man sich die Zwiebeln zum besten Pflanzzeitpunkt schicken lassen. Idealerweise von Naturgartenfachbetrieben und ökologisch arbeitenden Betrieben. Woanders werden beim Anbau und bei der Zucht meist reichlich Pflanzenschutzmittel und übermäßig viel Dünger eingesetzt oder die Zwiebeln werden aus Wildbeständen geplündert.

Für Balkonien

Auch auf dem Balkon oder einer Terrasse muss nicht auf Frühblüher verzichtet werden, sie wachsen auch in Töpfen oder im Blumenkasten. Wichtig ist, dass die Gefäße einen Wasserablauf haben oder Sie unten in den Topf eine Schicht aus Kies oder Blähton einfüllen, damit sich die Nässe nicht staut. Dann kommt ein bisschen Erde in den Topf. Und dann die Zwiebeln, unterschiedliche Sorten in unterschiedliche Schichten: die großen nach unten, die kleinen nach oben, je nach deren Größe zwei- bis dreimal so tief, wie die Zwiebel hoch ist. Ruhig dichter als im Beet, aber ohne direkte Berührung. Dann wieder alles mit Erde auffüllen. Zwiebelblumen brauchen eine Kältezeit, um zu wissen, dass es Winter war und Frühling wird und Zeit ist, auszutreiben. Deswegen sollten sie draußen stehen, allerdings geschützt vor starkem Frost, zu viel Regen und direkter Wintersonne.

Haben Sie Erdbeeren auf Ihrem Naschbalkon? Im Herbst ist es Zeit, verwelkte Blätter und Ableger zu entfernen und die Pflanzen mit etwas Kompost oder Bokashi-Erzeugnissen zu düngen, damit sich Blütenanlagen bilden können. Die Erde noch etwas auflockern, den Kübel an die Hauswand rücken, gut einpacken und nach Bedarf an frostfreien Tagen gießen – und dann auf die neue Ernte im Frühjahr freuen.

Flühblüher für Garten und Balkon

- Krokusse sind verhältnismäßig pflegeleicht und flexibel, setzen Sie einfach einen Schwung verschiedener Lieblingssorten und warten, welche das Rennen machen. Relativ sicher klappt es mit Elfen-Krokus *(Crocus tommasinianus)*, Frühlings-Krokus *(Crocus vernus)* und dem Balkan-Krokus *(Crocus chrysanthus)*, den es in vielen Farben gibt. Bei Schneeglöckchen und Märzenbechern gilt dasselbe, auch bei diesen können die unterschiedlichsten Sorten ausprobiert werden.
- Narzissen versamen sich reichlich. Ihre Früchte sind aufrechte Kapseln, die aufreißen, wenn sie reif sind. Ein Windstoß oder ein Rempler von der Katze, und die Samen fallen heraus. Und keimen hoffentlich, wo sie gelandet sind. Sehr gut klappt das bei den Dichternarzissen *(Narcissus poeticus)* und den Mini-Narzissen 'Tête à Tête'.
- Bei den Traubenhyazinthen *(Muscarii)* sehen die Samenstände nach der Blüte immer noch apart aus, Wind und Regen schleudern die kleinen schwarzen Samen heraus und bereits nach wenigen Jahren tauchen sie in großer Anzahl an den überraschendsten Stellen auf.
- Für ein schönes Frühlingserlebnis eignen sich außerdem noch Blausterne, Buschwindröschen, Leberblümchen, Primeln und Winterlinge.
- Wildtulpen oder botanischen Tulpen, wie sie auch manchmal genannt werden, sind eigentlich Steppenpflanzen. Unsere Sommer sind oft zu feucht, bislang zumindest, um sich weit und üppig über den Garten zu verteilen. Einen Versuch ist es auf jeden Fall wert mit der bei uns heimischen gelben Weinberg-Tulpe *(Tulipa sylvestris)*.
- Und für den nächsten Herbst, wenn der Gehölzschatten sich langsam lichtet, stecken Sie Herbstkrokusse in den Boden!

Bunt sind schon die Blätter

Ist der Herbst in Sicht, bringt so mancher den Maschinenpark in Stellung, um vom ersten bis zum letzten Blatt alles herunterfallende Laub generalstabsmäßig zu entfernen. Wer enkeltauglich gärtnert, lässt das Laub liegen. Es ist kein Abfall, sondern Grundlage für das Nährstoffrecycling der Natur. Laub ernährt die Destruenten unter den Tieren, Käferlarven, Würmer und auch Schwebfliegenkinder, die dann wieder von anderen gefressen werden können.

Laub ist auch Winterquartier

Schon wenig Laub ist für kleinere Tiere wie Regenwürmer, Spinnen, Käfer, Molche, Raupen und Falter ein guter Unterschlupf. Größere Tiere, Kröten oder Igel, brauchen mehr: Rechen Sie eine ordentliche Menge zusammen und schichten Sie diese zu einem großen Haufen. Legen Sie ein paar Zweige und auch dickere Äste mit hinein, sodass sich Hohlräume für Schlafkammern bilden. Ein paar Äste obendrauf halten das Laub auch bei frischem Herbstwind an seinem Platz. Wenn Sie Rosenschnitt und Weißdornäste oder andere dornige Ranken dafür verwenden, sind die Tiere im Inneren des Haufens gleichzeitig vor allzu aufdringlichen Beutegreifern geschützt. Wichtig ist, dass Sie diesen Haufen und seine schlafenden und ruhenden Bewohner auch ruhen lassen, nicht nachschauen, festklopfen, nachfüllen. Stylisch und ordentlicher wird Ihr Laubhaufen, wenn Sie die Blätter in ein Kompostgitter oder in eine Gabione füllen: nicht zu locker, aber auch nicht zu fest gestopft, und mit freiem Kontakt zum Boden. Diese Variante ist auch

»Der Herbst ist ein zweiter Frühling, wo jedes Blatt zur Blüte wird.«

ALBERT CAMUS

sehr empfehlenswert, wenn Sie noch kleine Kinder haben, die meist einem Laubhaufen nicht widerstehen können und damit spielen. Überwinternde Tiere mögen das natürlich gar nicht. Sollte sich tatsächlich ein Igel einfinden, wäre es schade, würde er vertrieben oder gar zu früh aufwachen. Ist das Laub »eingesperrt«, kann man den Kindern leichter klarmachen, dass dieser Haufen eben kein Spielplatz ist.

Laub liegen lassen

Überall kann das Laub zwar nicht bleiben, vom Rasen und von der Wiese, von Wegen und Plätzen sollte das Laub grob entfernt werden. Luft und Licht muss ans Grün kommen und es dürfen keine rutschigen Gefahrenstellen entstehen. Aber ansonsten gilt: bitte liegen lassen. Laub schützt und wärmt den Pflanzen die Füße. Weil es schön isoliert und zusätzlich durch die bei der Verrottung entstehende Energie Wärme produziert, kommen Frühblüher aus einer Laubschicht früher ans Licht, weil sie Futter und Wärme haben. Ohne Laub kommen sie vielleicht gar nicht, weil sie erfroren sind, sollte der Winter streng gewesen sein. Und Laub ist da, wo es liegen bleiben darf, mit Raureif, Schnee und Regentropfen Winterschmuck für den kahlen Garten.

Nicht nur unter dem Laub lässt es sich leben und überwintern, sondern auch in jedem einzelnen Blatt: Die Larven von Eichengallwespen und vielen anderen Insekten wachsen in kleinen Kugeln heran.

Hände weg vom Laubsauger

Er produziert Lärm und Feinstaub und durch ihn wird der Gärtner zum Mörder. Laubsauger können Laub, Gras, Tannenzapfen, Müll und sogar Getränkedosen aufsaugen, bis aus dem hintersten Winkel des Gartens. Extrem praktisch und leicht – verglichen mit der anstrengenden Arbeit mit Rechen, Besen oder Laubgreifern. Aber für unzählbar viele Tierarten ist es der sichere Tod; sie alle haben dem Saugstrom nichts entgegenzusetzen. Hat der Laubsauger eine Häckselfunktion, werden sie nicht nur weggesaugt, sondern im gleichen Arbeitsgang zerstückelt. Niemand kann wissen, welche Tiere genau bei Ihnen im Garten schlummern – vielleicht ist es genau die Schlupfwespenart, die im nächsten Frühjahr den Eichenprozessionsspinner zähmen könnte?

Junges Gemüse, altes Gemüse

Es gibt Jahre, da war das Gärtnern so erfolgreich, dass man überreichlich Gemüse ernten kann. Wenn man nur wüsste, wohin damit. Auch wenn sich Zucchini, Bohnen und Kohl nicht so vielseitig verarbeiten lassen wie Früchte: Auch Gemüse lässt sich bis ins späte Frühjahr und zur neuen Ernte aufbewahren.

Erste Möglichkeit: im Beet stehen lassen

Viele Gemüsearten lassen Sie einfach im Beet und ernten nach Bedarf nach und nach, was Sie brauchen. Das geht bei Grünkohl, aber auch bei Kohlrabi und Brokkoli und allem anderen Kohl; auch Lauch, Wurzelpetersilie, Pastinake, Topinambur, Möhren und Rote Bete bleiben draußen wie in einem natürlichen Kühlschrank. Salat, Mangold und Spinat sind ebenfalls robuster, als sie aussehen. Gegen kleine Nachtfröste helfen Vlies oder Laub; und bis es tatsächlich Stein und Bein friert, haben Sie das meiste dann schon verbraucht. Zucchini, Kürbis oder Bohnen mögen die Kälte nicht, die essen Sie als Erstes auf. Genauso Tomaten. Was jetzt noch grün ist, bleibt es auch – sie nachreifen zu lassen, geht im Haus, am besten in einer Kiste, zusammen mit Äpfeln oder Kürbissen, die ein Reifegas ausströmen.

Wichtigste Regel beim Lagern: Was gelagert werden soll, muss ausgereift sein. Und außerdem: Gesund, ohne Dellen oder matschige Stellen, denn dort können wie bei einer Wunde eben Bakterien und Pilze eindringen und so dann auch auf die anderen Früchte übergreifen. Einmal in der Woche sollten Sie die Lagerware darauf durchsortieren.

Und wo lagern Sie es am besten? Im Keller, wenn Sie einen haben, der dunkel, kühl und feucht ist – wie im Kühlschrank. Auch ein Schuppen ist geeignet.

Wer keinen Keller hat, macht sich einen ...

... indem Sie dem Gemüse das dunkle, feuchte, kühle Ambiente vorgaukeln. Nichts anderes macht ja ein Kühlschrank. Der aber in aller Wahrscheinlichkeit nicht groß genug ist für kiloweise Karotten und Sellerie. Sie brauchen also: Kisten, Kartons oder Styropor-Warmhalteverpackungen. Die werden zum Isolieren mit Stroh oder Holz oder auch Blähton ausgelegt, dann kommen schichtweise Gemüse und feuchter Sand hinein. Verschließen und auf die Terrasse oder den Balkon damit. Bei starkem Frost noch zusätzlich abdecken.

Oder Sie legen einen Erdmiete an: Dafür graben Sie ein Loch einen halben Meter tief in die Erde, kleiden es mit Draht aus – gegen Wühlmäuse und andere Feinschmecker. Auch große Plastiktöpfe können Sie hier wiederverwerten, wichtig ist, dass es Abflusslöcher gibt, damit sich nichts staut und nichts gammelt. Manche schwören auch auf alte Waschmaschinentrommeln. Dort hinein geben Sie das Gemüse zusammen mit Sand, Stroh oder Holzhäcksel. Obendrauf kommen ein Brett und wieder Erde.

Tipps zum Haltbarmachen

- **Einfrieren:** Wer Platz in der Truhe hat, kann sein Gemüse natürlich auch einfrieren. Machen Sie das Gemüse schon vor dem Einfrieren sauber und klein und blanchieren Sie es. Das tötet eventuelle Bakterien, beendet den Reifeprozess und hält die Farbe frisch. Dafür in einem großen Topf Wasser kochen, Gemüse wenige Minuten hineingeben, danach eiskalt abschrecken.
- **Trocknen:** Macht haltbar, weil Bakterien und Schimmelpilze ohne Wasser nicht gedeihen können. Klappt mit Obst, Gemüse und Pilzen. Einfach ausprobieren, was Ihnen schmecken könnte. Klein schneiden, auslegen und ab in den Backofen, einige Stunden bei 50 °C. Auch auf einem Holzofen oder auf der Heizung funktioniert es, dauert aber länger. Ein Dörrgerät lohnt sich, wenn man es viel nutzt.
- **Einkochen:** Bewährte Methode, bei der die kostbare Ernte luftdicht in Gläsern verstaut wird und noch jahrelang verwendet werden kann. Wichtig ist, dass die Gläser und Deckel sauber und heiß ausgekocht sind. Gemüse verzehrfertig klein schneiden, würzen, je nach Sorte und Geschmack, kochen und mit dem Sud heiß in die Gläser füllen. Der Klassiker sind Gewürzgurken, aber auch Rotkohl kann man so einkochen oder fertige Gemüsesuppen.
- **Fermentieren:** Klingt kompliziert, ist aber fast jedem bekannt – als Sauerkraut. Und funktioniert mit fast jedem anderen Gemüse auch. Klein hobeln, schneiden, raspeln. Salz dazu, circa einen Teelöffel auf zwei Handvoll Gemüseraspel. Alles zusammen mit Kräutern und Gewürzen in ein großes Glas oder einen Topf drücken; richtig fest, sodass Flüssigkeit austritt. Mit Wasser auffüllen, sodass zwar noch Platz im Glas ist, aber das Gemüse völlig bedeckt ist. Dunkel und nicht zu kühl und nicht zu warm stellen und nach einer Woche probieren, ob es schmeckt. Ein kühler Platz stoppt den Vorgang und so bleibt das Sauerkraut – oder was auch immer – dann wochenlang frisch und lecker.

Es lebe die Unordnung

Wer seinen Garten im Herbst nicht aufräumt, hat deutlich weniger Arbeit, mehr Zeit für schöne Dinge und tut dabei noch so viel für den Artenschutz, dass sich auch das letzte bisschen schlechtes Gewissen wegen der Unordnung in Luft auflöst.

Unordnung ist Artenschutz

Aller herbstlicher Aktionismus, von Laubfegen über Staudenschneiden bis Beeteabräumen, ist nicht nötig. Außer einem befriedigenden Gefühl für ordnungsliebende Menschen bringt es nichts, weder dem Garten noch den Pflanzen oder den wild lebenden Tieren, die ja auch Bewohner des Gartens sind. Sie brauchen auch keine Sorge zu haben, dass Ihnen ein derart unaufgeräumter Garten in Nullkommanix zuwuchert. Über den Winter wächst nicht viel und was an Pflanzen aufläuft, schützt den Boden vor Frosttrockenheit; im Frühjahr haben Sie allzu vorwitzige Pflänzchen schnell wieder in ihre Schranken verwiesen. Und all die »Schädlinge«? Sind auch kein Problem, denn ein guter Teil wird über den Winter als Vogelfutter enden. Und wohl dem, der frisch und hungrig aus der Kälteruhe erwachte Ohrenkneifer und Marienkäfer an seiner Seite weiß, wenn im Frühling auch die Blattläuse aufmarschieren, der Asseln und Regenwürmer en masse im Boden hat, die ihn durchwühlen, belüften und unermüdlich neuen Humus produzieren. Und das gilt nicht nur für den Herbst. Auch wenn Sie im Frühling wieder frisch ans Werk gehen, sollten Sie im Garten nicht Tabula rasa machen. Alle brauchen ja jetzt frische Nahrung und Brutplätze, von der Schwebfliege bis zur Amsel. Ein enkeltauglicher Garten im Sinne dieses Buches ist ganz generell ein bunter Lebensraum für viele Tiere, ein Angebot, wild und voll und immer anders, und ganz von alleine im Gleichgewicht, weil sich alle gegenseitig fördern und zähmen. Und Sie als Gärtnerin und Gärtner können faul sein: Ihr grünes Paradies lebt und macht das meiste von alleine, vor allem im Herbst.

Alles stehen und hängen lassen

Beerentragende Sträucher wie Holunder und Hundsrose, Felsenbirne oder Eberesche sollten Sie auf keinen Fall jetzt zurückschneiden, ihre Früchte dienen vielen Vögeln bis weit in den Winter als frische Kost. Und das Herbstlaub bitte unbedingt unter den Sträuchern liegen lassen. Dort finden die Gefiederten auch in den kalten Monaten Insekten, kleine Spinnen oder Regenwürmer. Auch die letzten Äpfel und Birnen lassen Sie ruhigen Gewissens für Amseln und Co. hängen. Lassen Sie ein paar Sonnenblumen stehen, und auch die verblühten Samenstände von Fetter Henne, Schafgarbe, Glockenblumen oder Stockrosen sind gehaltvolles Vogelfutter für viele Arten. Wer die etwas traurig aussehenden Blumengestalten an manchen Stellen nicht ansehen mag, schneidet sie ab und legt sie an anderer Stelle auf einen Haufen. So können die Samen noch gefressen werden, die Stängel bleiben als Unterschlupf im Garten und die durch Zersetzung freiwerdenden Nährstoffe auch.

Stockrosen im Herbst nicht zurückschneiden. Die Vogel- und Insektenwelt dankt es Ihnen.

Kompromisse mit dem Über-Ich und vielleicht auch mit dem Nachbarn

Im Computerchipwerk, in der Bücherei oder im Supermarkt haben Sauberkeit, Ordnung und Hygiene ihre Berechtigung. Im Garten nicht. Nur sind wir oft so erzogen, in Haushalts-Kategorien zu denken. Ordnung hat ein gutes Image; Unordnung nicht. Viele betreiben Ordnung als Selbstzweck, auch im Garten, vermutlich ohne genauer darüber nachzudenken. Ohne wirklich zu wissen, dass ein großer Teil des Artensterbens wir laubsaugende, unkrautflämmende, spinnentötende, rasendüngende, kiesverteilende Gartenbesitzer verursachen, die es einfach nur »schön« ordentlich haben möchten. Die Fläche aller Gärten in Deutschland entspricht etwa der gesamten Fläche aller Naturschutzgebiete und ist – wäre – ein wichtiger Beitrag für Artenschutz. Wenn Ihr Nachbar Angst vor Unkraut hat, säen Sie an der Grenze zu seiner Hecke bunte Sommerblumen, statt wachsen zu lassen, was kommt. Oder basteln Sie Schilder: »Hier wohnt Kröte Käthe«, »Eichhörnchenspielplatz«, »Privatlaubhaufen von Igor Igel« und verteilen Sie diese in Ihrer Unordnung. Die ja keine ist, sondern Artenschutz.

Was bleibt dann noch zu tun?

- Räumen Sie den Schuppen auf. Hier darf es ruhig ordentlich sein. Kruscht-Ecken werden gerne von Ratten oder Mäusen als Nester genutzt. Ihr gutes Werkzeug freut sich, sauber gemacht und geölt und gepflegt zu werden, bevor es in die Winterruhe geht. Es wird Ihnen den Einsatz mit einem langen Leben danken und das dient der Nachhaltigkeit. Auch die Gartenmöbel sollen doch auch im nächsten Sommer noch halten und nicht schon wieder neu gekauft werden müssen. Ein bisschen Pflege und sorgsames Verstauen tun ihnen gut.
- Wenn Sie dann nach getaner Arbeit die Tür schließen: Lassen Sie ein Fensterchen oder einen Spalt offen. In dieser trocknen, frostfreien Behausung überwintern zum Beispiel gerne Marienkäfer, Florfliegen oder Zitronenfalter. An warmen Wintertagen zieht es sie nach draußen.
- Wenn Sie einen Gartenteich haben: Laub und Fallobst herausfischen, so viel Biomasse kann ein kleiner Gartenteich meist nicht alleine verarbeiten. Ist Ihr Teich *sehr* klein und droht im Winter durchzufrieren, decken Sie ihn mit Maschendraht ab, damit keine Tiere hineinkommen, die gerne im Wasser und im Schlamm überwintern, aber dann erfrieren würden. Stattdessen verteilen Sie rundherum Rinde, Schindeln und kleine Ast-Laub-Haufen als Überwinterungsquartier für die Amphibien.

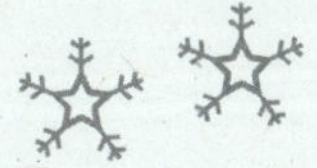

Eine gute Hecke ist wie ein ganzer Garten

Ein Garten braucht einen Rahmen, als Abgrenzung zum Draußen und um Kinder und Haustiere am Weglaufen zu hindern. Möglichkeiten gibt es viele, vom Zaun bis zur Mauer und natürlich Hecken. Aber auch bei Hecken gibt es viele Unterschiede, von grünem Beton bis zu sehr naturnahen Varianten.

Die Wildsträucherhecke ist ideal

Ein solcher Saum aus Sträuchern und Gebüsch ist mehr als eine Grenze, es ist ein eigener Lebensraum, bietet Niststätten und Schlafplätze für Igel, Haselmäuse, Amseln, Meisen, Kröten, Spinnen, jede Menge Insekten und noch viele, viele andere Tiere. Und natürlich Nahrung: Blüten und Nektar für Wildbienen und Schmetterlinge, Früchte und kleine Insekten für die Vögel. Und auch wenn sie von uns Menschen deutlich als Grenze zum Außen wahrgenommen wird: Eine solche Hecke umschließt den Garten, ohne ihn hermetisch einzumauern. Freie Passagen von Garten zu Garten sind wichtig, damit Tiere frei hin und her wechseln können, ein Durchschlupf hilft, wenn ein Igel oder ein Mäuschen flüchten muss. Und auch Amphibien brauchen Durchgänge, wenn sie sich im Frühjahr aufmachen zu ihren Laichgewässern.

Aber auch Sie als Gärtnerin und Gärtner haben sehr viel mehr von einer solchen Hecke als von einem Zaun. Rundherum um die Sträucher bildet sich ein günstiges Kleinklima, die Hecke bremst den Wind, filtert Staub und Lärm. Und die Horde an Tieren lebt nicht nur in der Hecke, sondern schwärmt von dort rund um die Uhr aus, um in Ihrem Garten die Arbeit zu verrichten: Kleine Insekten zersetzen Hinterlassenschaften und totes organisches Material, andere bestäuben die Blüten, Vögel fressen Schnecken, Marienkäfer die Blattläuse – sie alle halten so den Garten im Gleichgewicht. Und in der Hecke haben sie ihren Rückzugsort.

Heimisches ist besser

Setzen Sie auf heimische Gehölzarten, denn die kommen mit unseren Böden und Klimabedingungen gut zurecht und müssen nicht ständig gepäppelt werden. Sie brauchen kaum Winterschutz, müssen wenig gedüngt und gegossen – und auch nicht unbedingt geschnitten werden. Auf Optik gezüchtete Pflanzen, zum Beispiel solche mit gefüllten Blüten, haben oft statt fruchtbarer Staubblätter hübsche, aber sterile Kronblätter, statt fruchtbarer Röhrenblüten sterile Zungenblüten. Bei Forsythien ist absolut nichts zu holen, das knallige Gelb ist reine Show fürs menschliche Auge; auch die Hummeln fliegen drauf – und werden bei jeder Blüte wieder und wieder aufs Neue enttäuscht. Bis sie nicht mehr können.

Eine oder wenige solcher nicht heimischen Sträucher in die Hecke zu integrieren, ist aber kein Problem. Es ist auch Ihr Garten und wenn Sie Flieder lieben – wie ich, weil schon in meinem kleinen eigenen Beet bei meiner Oma im Garten ein Fliederbäumchen wuchs –, dann darf auch einer in die Hecke. Die Mischung macht's, und je vielfältiger, desto besser ist es sowieso. So haben Sie gute Chancen, dass rund ums Jahr immer etwas blüht.

Mauern und Zäune in Hecken verwandeln

Haben Sie keine Möglichkeit, Ihren Garten mit einer Hecke zu umgeben, weil es vielleicht nicht Ihr Eigentum ist und Sie mit einer Mauer vorliebnehmen müssen, können Sie diese natürlich aufpeppen: Kletterpflanzen hochranken lassen oder Büsche und Sträucher davor pflanzen, ein Blühstreifen aus Wildblumen ist auf die Schnelle auch eine Möglichkeit. Auch Zäune sind ruckzuck mit Efeu und anderem bewachsen. Gleiches gilt für Hecken aus Kirschlorbeer, Buchen und Lebensbaum: zwar ein Zaun aus Pflanzen, aber dennoch eher artenarm, der oft noch mit viel Dünger, Pflanzenschutzmittel und aufwendigem Schnitt am Leben und in Form gehalten werden muss. Und natürlich können Sie Wildsträucher auch mitten auf Ihrem Grundstück pflanzen. Nirgends steht geschrieben, dass Wildsträucher immer an der Grenze gepflanzt werden müssen.

Achtung: Abstand

Grenzabstände – wie nah Bäume, Sträucher, Hecken und Co. am Nachbargrundstück gepflanzt werden dürfen – sind in Deutschland, Österreich und der Schweiz oft genau geregelt. Was erlaubt ist und was nicht, hängt vom Wohnort ab. Die meisten Bundesländer bzw. Kantone haben ihre Regeln dafür im sogenannten Nachbarschaftsgesetz festgeschrieben, und zwar alle ein bisschen anders, am besten erkundigen Sie sich bei Ihrer Gemeinde. Gemessen wird übrigens von der Mitte des (Haupt-)Stammes, bei Sträuchern von der Mitte der Pflanze aus. Wenn dann einzelne Äste näher ans Nachbargrundstück reichen, macht das nichts; es sei denn, sie ragen über die Grenze. Dann kann der Nachbar verlangen, dass sie gestutzt werden. Eine einvernehmliche Lösung ist auf jeden Fall wünschenswert. Sie werden ja vermutlich noch viele Jahre Grundstück an Grundstück mit den Nachbarn wohnen.

Ein Baum als Hausfreund

Bäume zu pflanzen, gegen den Klimawandel, liegt im Trend. Mag das auch moderner Ablasshandel sein, es funktioniert: Bäume binden CO_2, produzieren jede Menge Sauerstoff und ein ganz besonderes Kleinklima, sie sind Lebensraum und Nahrungsgrundlage für zahlreiche Lebewesen, uns Menschen eingeschlossen. Und die Enkel können sogar später eine Schaukel dranhängen.

Mein Freund, mein Baum

Wenn Sie einen Baum in Ihren Garten pflanzen wollen, ist es wichtig, nicht irgendein Modeexemplar zu nehmen. Sondern gut zu überlegen, wer zu Ihrem Grundstück und dessen Standortbedingungen passt – und auch zum sich wandelnden Klima. Das Wort Klimabaum haben Sie vielleicht schon mal gehört? Damit meinen die Baumfachleute Baumarten, die gut mit Trockenheit, Hitze, Wetterextremen und auch mit den durch den Klimawandel neu auftretenden Insekten, Pilzen und Bakterien klarkommen. Hainbuche, Rotbuche, Stieleiche, Winterlinde, Zeder, Schwarzkiefer, Vogelbeere, verschiedene Ahornarten, Wildbirne, Rotdorn oder Kugelesche sind oft genannte Beispiele.

Informieren Sie sich am besten bei den örtlichen Baumschulen, welcher Baum auch zu Ihrem Garten und dem Standort allgemein gut passt. Denn was beim Schwager in der Rheinebene toll aussieht, wird sich im Hochsauerland oder im trockenen Brandenburg weniger gut entwickeln.

Mögen sollten Sie *Ihren* Baum natürlich auch, und überlegen Sie sich vorher, ob Sie es pflegeleicht wollen, groß, klein, schnellwüchsig, langsam wachsend, mit hübschen Blättern, tollen Blüten, leckeren Früchten …

Herbst ist Pflanzzeit

Haben Sie Ihren Freund gefunden, dann ist jetzt im Herbst die beste Pflanzzeit. Es ist schön feucht, friert aber noch nicht. Gleichzeitig braucht der Baum nicht gleich die volle Dosis Nährstoffe fürs Blühen und Blätterwachstum wie im Frühjahr.

Graben Sie ein Loch, das doppelt so groß sein sollte, wie der Wurzelballen ist. Dort hinein kommt dann Kompost, dann der Baum, dann Erde, dann Wasser. Richtig viel, aber nicht zu oft gießen. Denn nur dann bildet der Baum auch in der Tiefe feine Wurzeln aus, die er braucht, um irgendwann alleine klarzukommen. Wer immer nur ein bisschen an der Oberfläche gießt, lockt das Wurzelwachstum auch dorthin – wo aber besonders in trockenen Zeiten kein Tropfen Feuchtigkeit zu holen ist.

Die Baumscheibe können Sie mulchen oder bepflanzen – sie muss nicht nackt sein, auch wenn man das oft so sieht. Nicht alle Blumen wachsen allerdings gern im Baumschatten und in Wurzelkonkurrenz, aber Frühblüher und Walderdbeeren, Storchschnabel, Immergrün, Taubnessel, Waldmeister und Efeu und auch Maiglöckchen und Buschwindröschen mögen es dort durchaus. Einfach ausprobieren oder wachsen lassen, was kommt.

> *»Die beste Zeit, einen Baum zu pflanzen, war vor zwanzig Jahren. Die nächstbeste Zeit ist jetzt.«*
>
> UGANDISCHES SPRICHWORT

Alte Schätzchen in Ehren halten

Vielleicht haben Sie in Ihrem Garten auch einen oder mehrere Veteranen stehen? Gut gepflegte Bäume können durchaus 200 Jahre und älter werden, auch Obstbäume. Die zu pflegen, ist etwas für Kenner, Könner und Kletterer. Lassen Sie ihn altern, wie er mag. Vielleicht blüht er nur noch wenig oder bekommt nicht mehr sein volles Laub. Aber gerade altes morsches Holz ist ein wichtiges Zuhause für sehr viele Vögel und Insekten. In Holzrissen leben manchmal sogar Fledermäuse. Marienkäfer und Florfliegen überwintern in den Lücken zwischen Borke und Stamm, die sich bilden, wenn der Baum nicht mehr jung und knackig ist. Lenken Sie Waldreben oder Efeu den Stamm hoch oder eine Ramblerrose – und auf einmal blüht der Baum ein zweites Mal im Jahr.

Und wenn es nicht mehr geht?

Wenn doch mal ein Baum gefällt werden muss, weil er ein Sicherheitsrisiko darstellt: Lagern Sie das Holz als Totholz für Ihre Gartentiere und lassen Sie den Baumstumpf stehen. Es ist ein Lebensraum für sich. Pilze wachsen natürlich darauf, Käfer und ihre Larven finden sich ein, dann Holzwespen, in deren Fraßröhren dann Wildbienen. Hohlräume am locker werdenden Baumfuß nutzen Hummeln und Co. zum Nisten und Überwintern, außerdem noch mehr Käfer, vielleicht auch Glühwürmchen, Blindschleichen, Eidechsen, Kröten und Molche. Mäuse sicherlich. Schmetterlinge nutzen den Stumpf als Landeplatz, ist er noch frisch, schlürfen sie die Baumsäfte. Vögel lieben Totholzstämme, haben sie doch eine tolle Aussicht über ihr ganzes Revier und sehen gleich, ob sich vielleicht ein Feind nähert, auch wenn sie mit Futtereifer dabei sind, Insekten aufzupicken.

Der Boden ist die Grundlage

Früher war es eine übliche Herbstarbeit: die Beete umzugraben. Eigentlich ein Frevel, denn der Boden ist ja nicht einfach nur Trägerfläche für Gemüse, Rosen, Rasen und Gartenstühle. Sondern ein mit viel System geschichtetes Ökosystem, entstanden in Hunderten Millionen Jahren, aus Gestein und Humus, und er steckt voller Lebewesen. Nur wenn es »dem« Boden gut geht, kann der Garten blühen und grünen und reiche Ernte bringen.

Nicht umgraben

Jeder Boden – ob sandig, lehmig, tonig, steinig – hat eine von oben nach unten gewachsene Schichtung. Schaut man sie sich im Profil an, kann man so verschiedene Typen erkennen. Bodenkundler haben ihnen alle Namen gegeben, vielleicht haben Sie das auch schon mal gehört: Braunerde, Schwarzerde, Podsol, Plaggenesch ... Wen es interessiert, der kann sich auch mit seinem Boden näher befassen und Bodentyp, pH-Wert und Nährstoffgehalt messen lassen. Unbedingt wichtig ist es nicht. Wichtiger ist das Wissen, eine Art Lebewesen vor sich zu haben, das wiederum voller Lebewesen steckt: Bakterien, Rädertierchen, Algen und Einzeller, Pilze aller Art, die man so gar nicht als Pilze erkennt, Regenwürmer, Borstenwürmer, Fadenwürmer und andere Würmer, Asseln, Tausendfüßer, Springschwänze, Milben, Käfer, Larven – in einer Handvoll Boden leben mehr Wesen als Menschen auf der Erde, heißt es so schön. Und weil es eben nicht nur eine Handvoll Erde mit Tieren drin ist, sondern eine Handvoll einer höchst systematisch und uhrwerkartig zusammenarbeitenden Lebensgemeinschaft, bringt Umgraben diese lebendige Ordnung völlig durcheinander. Und nötig für die Gartenarbeit ist es sowieso nicht. Es ist einfach nur total anstrengend, und ob so ein kahler, nackter Gartenboden im Winter schön ordentlich oder trostlos aussieht, ist Ansichtssache. Allerhöchstens bei schweren, lehmigen Gartenböden könnte das Umgraben

Überall in der Erde zu finden sind die Engerlinge von Maikäfern, Junikäfern oder Rosenkäfern, im Komposthaufen leben gerne Nashornkäfer und in Holzhäcksel und Mulch vielleicht auch die Larven von Hirschkäfern.

helfen – die dicken Schollen werden dann durch Frostsprengung schön feinkrümelig. Was all die Bodenbewohner aber dazu sagen – das wissen wir nicht.

Friede dem Bodenleben

Mit Gewalt gegen Maulwürfe und mit Gift gegen Engerlinge vorzugehen, das ist natürlich gar nicht enkeltauglich. Wer keinen englischen Rasen hat, sondern eine lebendige Wiese, wird ein paar kahle Stellen, wo Käferlarven oder Wühlmäuse an den Wurzeln gefuttert haben, gar nicht bemerken; meist wächst aus dem eigenen Repertoire der Pflanzengemeinschaft schnell was nach. Und: Gift vernichtet nicht nur das jeweilige Zielobjekt, sondern bringt auch all den anderen Bodenlebewesen Schaden und Tod. Natürlich auch den Regenwürmern.

Regenwurmwissen

Ohne Regenwürmer geht im Garten gar nichts, sie fressen die Erde und die Abfälle, mahlen und verdauen das alles in ihrem Inneren zu einem nährstoffreichen Brei, der – ausgeschieden – zu Humus wird, ohne den der Boden kein Boden wäre. Natürlich gibt es aber nicht nur den einen Regenwurm, sondern rund 40 Regenwurmarten, die man hier bei uns treffen kann: der Große Wiesenwurm, der Kleine Ackerwurm, der Rote Laubfresser und viele, viele mehr. Als Gärtnerin und Gärtner dürften Sie mit zweien von ihnen gut bekannt sein: Mit dem Kompostwurm, der es schön warm, feucht und weich mag – wie im Kompost eben. Und mit dem größeren Gemeinen Regenwurm, der auch unter dem Namen Tauwurm bekannt ist. Der pflügt sich unter der Rasennarbe und auch in schwerem Boden durchs Beet und lockert alles schön durch. Im Winter ruht er sich aus, verfällt in eine Art Kältestarre und wartet einen halben Meter unter der Erde auf den Frühling.

Ein Dach für den Regenwurm

Statt den Lebensraum der Bodentierchen durcheinander zu buddeln, geben Sie diesen lieber ein Dach über dem Kopf. Nach der Ernte und der Blüte ist der Gartenboden oft nackt; in der Natur ist er das selten. Fürs Gemüsebeet, das dann ja auch mal wieder bepflanzt werden soll, ist eine Gründüngung dafür die beste Wahl. Damit meint der Fachmensch nichts anderes, als schnell wachsende Pflanzen zu säen: Ihre Wurzeln lockern den Boden – Stichwort: Umgraben – und manche bilden zusammen mit den Bodenlebewesen extra Nährstoffe: Stichwort Düngung. Von Raps bis Ringelblumen, Buchweizen, Klee oder Bienenfreund, Lupinen: Oft blühen sie sogar noch schön. Einfach die Erde ein bisschen lockern, die Samen großzügig ausstreuen und noch ein bisschen einharken. Kurz bevor die Samen reif werden, schneiden Sie den Gründünger runter. Liegen lassen, wie Mulch. Das Schnittgut verrottet und bietet der Bodengemeinschaft neues Futter.

So bildet der Boden die Verteilstation im Kreislauf des Lebens: Was die Pflanzen bei ihrer Fotosynthese an Energie produzieren, verteilen sie via Pollen, Samen und Biomasse an Tiere und Pilze. Wenn sie sterben, sinkt das alles zu Boden. Ebenso ihre Exkremente. Dort »zersetzt sich« das alles dann, so sagt man. Das beschreibt ja auch sehr anschaulich, wie es aussieht, wie alles so langsam schwindet und zerfällt und zerfasert – und ist doch grundfalsch, denn nichts zersetzt sich einfach so. Es wird zersetzt, so muss es richtig heißen. Von genau den erwähnten Lebewesen. Sie alle sind auf Hochtouren unermüdlich und auch unersättlich damit beschäftigt, das tote organische Material in den Kreislauf zurückzuführen. Sprich: Sie fressen, verdauen, scheiden aus, was wieder andere fressen, buddeln, wühlen – zersetzen. So stellen sie die von den oberirdischen Pflanzen aus der Sonnenkraft produzierte Energie und die Nährstoffe wieder erneutem Wachstum zur Verfügung. Im nächsten Jahr ernten Sie wieder dicke Salatköpfe und leckere Möhren.

Auf den Winter vorbereiten

Wer Tiere zu sich in den Garten einlädt, mit Nistkästen und Bienenfutterpflanzen, der will es ihnen auch im Winter nett und gemütlich machen, damit sie gut durch die kalte Jahreszeit kommen. Naturnah und enkeltauglich zu gärtnern, und ein bisschen unordentlich, ist schon ziemlich gut, um der Tierwelt eine ungestörte Winterruhe zu ermöglichen. Mehr geht natürlich immer.

Vögel füttern?

Vögel im Garten zu haben, ist schön – und nützlich obendrein, fressen sie doch Blattläuse, Raupen, Maden und jede Menge Insekten, die wir Menschen nicht so gerne auf unseren Blumen und im Gemüsebeet haben wollen. Im Sommer sind sie in der Regel gut versorgt, auch mit allem, was an kleinen Samen an den Blumen und süßen Früchten in der Hecke hängt. Und was ist im Winter? Da gibt es Meisenknödel und Sonnenblumensamen, Haferflocken und Rosinen, sogar im Discounter, und das Treiben am Futterhaus zu beobachten, ist eine wahre Freude. Über das Für und Wider, Vögel zu füttern, gibt es massenhaft Literatur und mindestens so viele Diskussionen; letztendlich muss es jede und jeder selbst entscheiden. Allerdings sollte man sich darüber im Klaren sein, dass die Zutaten für all die Meisenknödel, Erdnusssäckchen oder Körnermischungen irgendwo angebaut werden müssen; und das wird zum Teil auf großen Äckern mit Monokulturen passieren, die von Hecken und Gebüsch gesäubert und durch das Spritzen von Chemie von Wildkräutern und Insekten befreit wurden – ganz gleich, ob bei uns oder in Afrika, in Asien oder Südamerika. Und man erreicht von den rund 250 Vogel-Arten bei uns sowieso nur wenige, ohnehin konkurrenzstarke Kulturfolger, weil die anderen sich überhaupt nicht in menschliche Nähe wagen.

Vögel füttern!

Ein guter Weg ist es, seinen Vögelchen mit heimischen Sträuchern und Stauden ein Ganzjahresbuffet zu bieten von Eberesche, Efeu, Felsenbirne, Fetter Henne und Fingerhut über Haselnuss, Heckenrose, Holunder, Kornelkirsche und Liguster bis zu Pfaffenhütchen, Sanddorn, Schlehe, Schneeball und Weißdorn. Zweitens sinnvoll: schön faul sein. Weniger Laub wegräumen, weniger verwelkte Blütenstände im Herbst abschneiden, denn unter Blättern und in hohlen Stängeln überwintern Insekten, und die Samenstände bieten Futter für körnerfressende Vögel, die letzten Äpfel im Baum bleiben den Amseln.

Im Winter gibt es dann ein Zubrot; denn nicht alle gärtnern wie wir und haben ein reiches Angebot. Außerdem bleiben manche Vögel neuerdings hier, die sonst in den warmen Süden abgezwitschert sind. Auch sie brauchen Futter, besonders bei strengem Frost und geschlossener Schneedecke.

Mit den handelsüblichen Freilandfuttermischungen sind die meisten Vögel vollauf zufrieden, für anspruchsvolle Genossen können Sie noch Rosinen und Mohnsamen dazugeben, ein paar Apfelhälften werden auch gerne genommen. Meisenknödel gibt's auch ohne Plastiknetze und aus heimischer Produktion, für nachfüllbare Futtersäulen und -körbe. Die klebrige Masse können Sie auch selber mischen aus 250 g Kokosfett oder Rindertalg, 500 g Haferflocken, einer Handvoll Rosinen und zwei bis drei Handvoll verschiedener Körner, Nüsse und Müslireste. Ungesalzen, das ist wichtig. Diese Masse können Sie den Vögeln hinhängen oder dekorativ in alte Tassen, Kokosnusshälften oder Blumentöpfe füllen oder mit Plätzchenformen ausstechen.

Ganz wichtig ist, auf Sauberkeit zu achten, denn Vögel klecksen, wo sie fliegen und sitzen. Als Faustregel gilt: Futterhäuschen und Tränke werden einmal in der Woche sauber gemacht, mit Bürste und heißem Wasser, bei warmem Wetter jeden Tag. Bei Futtersilos reicht es alle paar Wochen. Und beachten Sie, dass nicht alle Vögel gerne in schwankender Höhe fressen, Rotkehlchen zum Beispiel bleiben am Boden und möchten auch da fressen.

Schlafplätze für Kröten, Igel und Co.

Viele Tiere brauchen kein Futter, weil sie in Winterstarre fallen oder Winterschlaf halten. Haselmaus, Siebenschläfer, Igel, Kröten, Ohrenkneifer, Schmetterlinge: Sie alle wollen nur einen warmen, ungestörten Platz im Laub, zwischen Ästen dichte Hecken und wilde Ecken oder unter der Erde. Und dann ihre Ruhe.

Der 19. November ist bei den Katholiken der Tag der Heiligen Elisabeth, einer zu ihrer Zeit sehr bekannten und beliebten großen Prinzessin und Wohltäterin für Notleidende und Tiere. Genau das richtige Datum, um den Vogelfutterplatz für den Winter herzurichten und den gefiederten Freunden die ersten Körner auszustreuen. Für schnell Entschlossene tut es auch ein selbst gebasteltes Upcyclinghaus aus einem Tetrapack.

Schmetterlingen über den Winter helfen

Manche Arten, wie der Zitronenfalter, der Kleine und Große Fuchs und das Tagpfauenauge, überwintern als Falter sehr gerne in frostfreien Ecken in Schuppen oder Brennholzstapeln oder Lücken im Holzhaufen. Solche Angebote im Garten zu haben, ist für diese Tiere eine große Hilfe.

Auch im Laub überwintern viele Schmetterlinge: als Puppe, Ei oder Raupe. Oder angehängt als Puppe an verschiedenen Stängeln, Blättern und Bäumen, oft so kunstvoll getarnt, dass man sie kaum erkennt.

Andere Arten sind Zugschmetterlinge, der Admiral zum Beispiel. Oder die Distelfalter. Sie überwintern in Afrika und fliegen im Frühjahr nach Norden, bis nach Skandinavien, nicht einer am Stück, sondern etappenweise: Sie legen unterwegs Eier und die nächste Generation fliegt weiter. Im Juli im hohen Norden dreht sich dieser Etappenlauf dann um. Für sie ist wichtiger, dass sie bei Ihnen vor dem langen Flug übers Meer ins Winterquartier so richtig auftanken können und Sie dafür reichlich Nektar und süße Früchte im Angebot haben.

Und dann wird es wieder Winter

Eigentlich ist alles gesagt, alles getan. Statt sich einen steifen Rücken und klamme Finger zu holen, genießen Sie am Ende des Jahres den Garten, die Farben der restlichen Blätter und die Vögel und alle anderen Tiere. Auch wenn man die meisten Lebewesen nicht sieht, sondern nur weiß, dass sie in Ruhe schlafen, warm zugedeckt von Laub und vielleicht auch Schnee. Es ist so ähnlich, wie wenn man abends noch mal bei den Kindern reinschaut, bevor man selbst ins Bett geht. Man weiß, sie sind da, es geht ihnen gut, aber man genießt auch die Ruhe, die gerade herrscht.

Dabei ist auch im Wintergarten gar nicht so wenig los, wie man allgemein denkt. Die Blumenreste bewegen sich im Wind, wenn es regnet und stürmt, glitzern Äste und Zweige vor Nässe. Die Fröste zaubern wunderbare Funkelblumen aus den kleinsten Pflänzchen. Und wenn Schnee fällt, bekommen alle hübsche Mäntel und Mützen. Besonders eher unscheinbare Gartenbewohner wie Moose, Pilze oder Flechten fallen jetzt besonders ins Auge. Oft halten wir sie für Unkraut oder schädlich, meist zu unrecht. Flechten etwa nutzen Pflanzen, Baumrinde und Steine lediglich als Wuchsort, sie sind keine Parasiten. Wenn sie doch weg sollen, geht das enkeltauglich nur mit Wurzelbürste, nicht mit Chemie. Aber eigentlich ist es zu schade, diese altehrwürdigen Pflanzenwesen zu töten. Genau wie bei Moos. Auch das ist jetzt im Winter oft wunderschön. Das Silbermoos auf dem Mauerpfahl, das filigrane Frauenhaarmoos, das Brunnenlebermoos mit seinen breiten Blättchen – jede Art auf ihre Weise. Statt Gartenarbeit machen Sie lieber Pläne, gemütlich drinnen auf dem Sofa, fürs nächste Jahr. Oder für die Feiertage.

Frisches Wintergrün

Zwar bietet ein Supermarkt alles an, was das Herz von Frischkostfans begehrt, aber das meiste hat lange Wege und Kühlhauszeiten hinter sich und ist mit viel Wasser, Dünger, Pflanzenschutzmitteln angebaut worden. Zum Glück wächst auch im Garten noch das ein oder andere und manches lässt sich auf der Fensterbank ziehen. Sogar aus Gemüseabfällen wächst wieder frisches Grün und wer das alles ausprobieren will, kommt mit wenigen Zukäufen aus.

Frisches aus dem Winterbeet …

Gut im Beet macht sich auch im Winter zum Beispiel Barbarakresse: Bis in den Winter bleibt die Pflanze grün und bringt frisch geernteten Kressegeschmack aufs Butterbrot. Auch Thymian und Salbei sind dann noch grün und aromatisch. Oder: Winterportulak. Der wird im Herbst gesät, im kleinen Gewächshaus auch noch im Winter. Größer gewachsen, ist er nicht nur Würze, sondern auch Salat oder junges Gemüse. Und um Rucola und Borretsch braucht man sich – einmal ausgesät – nie wieder zu kümmern. Sie treiben immer noch mal durch.

… oder von der Fensterbank

Viele Kräuter wie Schnittlauch oder Petersilie lassen sich zwar draußen überwintern und kommen im Frühjahr dann mit frischem Grün zurück. Viel zu ernten ist aber in der Zwischenzeit nicht. Wer seine Kräuter ohnehin im Topf zieht, holt sie einfach rein. Ansonsten: ein Stück Ballen abstechen, mit Sand oder Split in Töpfe setzen und immer sparsam gießen. Kräuter im Topf mögen keine Staunässe. Einige Ihrer angesammelten Plastiktöpfe können Ihnen hier wieder gute Dienste leisten. Damit es nicht so hässlich aussieht: alte Hosenbeine und dekorative Stoffreste als Überzug verwenden.

Basilikum im Winter

Basilikum ist auch im Winter die empfindliche Diva. Schon bei 10 °C wird sie zickig, lichthungrig ist sie bei jeder Temperatur. Einen Versuch ist es wert: im Topf reinholen, ans warme Küchenfenster stellen und immer feucht, nie nass halten. Nie von oben gießen.

Gemüse-Recycling

Ob Eintopf oder Auflauf, bunte Pfanne oder Salat, nach dem Gemüseputzen und Schnibbeln landen die Strünke und Wurzeln von Lauch und Zwiebel, Roter Bete oder Kohlrabi, Möhre und Fenchel meist im Müll oder auf dem Kompost. Eigentlich zu schade. Denn mit ganz wenig Aufwand wächst dieser vermeintliche Abfall noch mal nach und lässt sich ein zweites Mal in der Küche verwenden. Bei Knollen und Wurzeln wie Möhren, Kohlrabi und Co. schneiden Sie das obere Ende recht großzügig ab. Ideal, wenn schon ein paar zarte Blätter und Keime treiben. Bei Zwiebelgemüse wie Lauch und Frühlingszwiebeln oder bei Blattgemüsen wie Mangold und Kopfsalat nehmen Sie das untere Ende. Legen Sie den Deckel in eine Schale mit warmem Wasser, den Strunk stellen Sie am besten in ein Glas und füllen es mit warmem Wasser auf. Geben Sie jedem Gemüse sein eigenes Behältnis. So haben Sie auch endlich mal eine Verwendung für all die kleinen Gefäße, die sich so ansammeln. Suchen Sie Ihren Gemüseresten einen hellen, warmen Platz, am Küchenfenster ist es ideal. Da haben Sie es immer im Blick und später auch zur Hand. Das Wasser sollte regelmäßig kontrolliert und erneuert werden. Manche Reste trinken viel und sitzen schnell auf dem Trocknen. Wenn die unteren Gemüseteile kleine Wurzeln gebildet haben – vielleicht waren auch noch welche da – und die Deckel der Knollen die ersten frischen grünen Triebe bekommen, ist es so weit, die Gemüsereste in die

Erde umzutopfen. Sie können die Pflanzen auch im Wasserbad stehen lassen, gerade Frühlingszwiebeln sind sehr anspruchslos und wachsen auch in der Blumenvase weiter. Allerdings ist der Zwiebelgeschmack nicht ganz so intensiv – aber wer sich die grünen Stiele frisch als Deko aufs Käsebrot schnippelt, findet das vielleicht ganz angenehm. Eine ganze Kohlrabiknolle oder Möhrenwurzel bildet sich auf der Fensterbank natürlich nicht, aber bei guter Pflege haben Sie immer wieder frisches Grün und frische Vitamine zur Hand. Ob Sie die frischen Blätter dann in einem Rutsch ernten oder nach und nach als Deko verwenden, ob Sie ständig neue Knollentriebe oder Zwiebelstängel nachrecyclen, entscheiden Sie nach Lust und Bedarf. Nach ein paar Erntedurchgängen sind die Knollendeckel und Strünke in der Regel wirklich erschöpft, dann hat der Gemüseabfall wirklich ausgedient.

Barbarazweige und Co.

Blüten-Re-Growing, auch das geht. Es muss kein Kirschzweig sein, mit Apfel, Pflaume oder Felsenbirne funktioniert es auch. Man muss dem Zweig nur vorgaukeln, dass Winter war und es wieder Frühling ist und damit Zeit zum Blühen. Eine Nacht im Gefrierfach, ein Tag in warmem Wasser – und dann dauert es drei Wochen, bis die ersten Blüten kommen. Deswegen beginnt man damit am besten Anfang Dezember, traditionell am Tag der Heiligen Barbara, die in ihrer Märtyrerinnenzelle zur Zeit der Christenverfolgung aus einem trockenen Ast bunte Blumen gezaubert haben soll. Bei den Obstzweigen im Glas ist es pure Biologie, aber doch irgendwie ein kleines Wunder, über das man sich zu Weihnachten besonders freut.

Enkeltauglich schenken

Wer rund ums Jahr nachhaltig und ökologisch gärtnert, lebt auch so und möchte dies an Weihnachten nicht ändern: Sinnvolles schenken, nicht Hauptsache irgendwas. Und wer Geschenke aus der reichen Fülle seines Gartens selbst herstellt, macht das Allerbeste: Ressourcen nutzen, die eh da sind, und Zeit und Liebe investieren.

Alles schön verpackt

Von Knisterfolie bis Glitzerschleifen – die Verpackung für die Weihnachtsgeschenke ist oft aufwendiger als der Inhalt. Sieht toll aus, keine Frage, aber dann ist doch alles in Minuten aufgerissen, und übrig bleibt ein großer Haufen Müll: Papier, Plastik, alles durcheinander. Werden Sie selbst mit so etwas beschenkt, dann heben Sie es auf, um es im nächsten Jahr selber wieder zu verwenden.

Gleiches gilt auch für Schleifenbänder. Neu kaufen eher nicht, aufheben und wiederverwenden absolut. Oder eben nutzen, was da ist: Schnürsenkel, Haarbänder, Wollreste, Paketschnur, Bast. Oder Sie reißen und schneiden alte Sweater und T-Shirts in bunte Streifen.

Am besten ist, ein Geschenk gar nicht zu verpacken. Für die Gaben zu Hause können Sie mit ihren Lieben einen Ort vereinbaren, eine Art Gabentisch eben, und alles, was dort liegt, ist dann ein Geschenk; versehen mit einem kleinen Anhänger, aus dem ersichtlich wird, wer was von wem bekommt. Wer seine Geschenke nicht »nackt« überreichen mag – gerade bei kleinen Kindern ist die Überraschung ja fast das Schönste am Schenken, nutzt Zeitungspapier oder bunte Seiten aus Magazinen. Oder: einfaches, braunes Packpapier. Sie können es bunt bemalen und bedrucken oder Sie lassen es blanko und schreiben Ihre guten Wünsche einfach aufs Geschenk.

Oder Sie nehmen Blumentöpfe, Holzkistchen, Obstkörbchen, die sich übers Jahr so ansammeln, und packen Geschenkkisten; für Kleinigkeiten

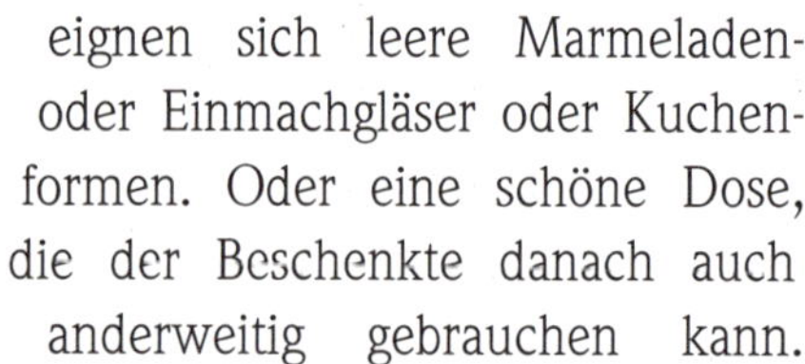

eignen sich leere Marmeladen- oder Einmachgläser oder Kuchenformen. Oder eine schöne Dose, die der Beschenkte danach auch anderweitig gebrauchen kann. Auch Säcke und Netze – wiederverwenden. Oft sehr stylish. Auch Stofftaschen sind gut, weil sie ein zweites Leben als Einkaufstasche führen werden. Wer nähen kann, verwertet gleich seine Stoffreste dafür und näht vielleicht auch noch hübsche, wiederverwendbare Geschenkebeutel. Natürlich können Sie die Geschenke auch einfach in schöne Stoffreste einwickeln. Das Charmante an Stoff ist, dass sich damit auch sperrige, unförmige Geschenke ganz geschmeidig verpacken lassen.

Und wenn Sie etwas verschicken wollen? Achten Sie zusätzlich darauf, dass Paket und Geschenk von der Größe zusammenpassen, umso weniger Füllstoff brauchen Sie. Dafür können Sie verwenden, was Sie von Online-Käufen hoffentlich aufgehoben haben: Luftpolsterfolie, Papphäckselstreifen, Styroporkugeln oder Verpackungschips aus Pflanzenstärke. Was auch geht: Kiefernzapfen, Tannenzweige oder auch Nüsse als Füllmaterial, das hat dann zwar ein bisschen mehr Gewicht, aber wirkt gleich total weihnachtlich.

Sinnvoll schenken

Schenken Sie Dinge, die lange halten und gebraucht werden. Nehmen Sie sich einen Moment, sich den Beschenkten genau vorzustellen, damit Sie etwas aussuchen, womit er sich tatsächlich beschenkt fühlt. Etwas zu schenken, was »in« ist oder Sie nur selber sinnvoll finden, ist nicht nur taktlos, sondern auch nicht nachhaltig, denn meist wird es nicht benutzt und landet auf dem Müll.

Ideen für Gartenbegeisterte: ein Spaten oder die Rosenschere fürs Leben, Fallobstsammler oder Bokashi-Eimer. Oma bekommt zwei neue Sitzbänke, damit sie auch mit neuer Hüfte und Arthrose im Knie ihre tägliche Gartenrunde meistern und sich dazwischen ausruhen kann. Auch ein bisschen missionarischer Eifer kann dabei sein: Wer drei Vogelnistkästen oder eine Futtersäule zusammen mit einem Sack voll Winterfutter und den Gutschein zum Aufhängen bekommt, hat keine Ausreden mehr. Opa bekommt einen Gutschein fürs Laubrechen statt das neueste Laubbläsermodell und statt Mähroboter gibt's für Tante Hilde einen Sensenkurs. Wer viel Kompost produziert, verschenkt ihn eimerweise an Menschen, die »nur« einen Balkon haben. Freunden und Verwandten ohne Garten können Sie ein Stück Gemüse- oder Blumenbeet schenken, der netten alten Dame im Pflegeheim ein Abonnement Ihres schönen Rosenstocks oder Beerenstrauches, mit Besuchs- und Pflückrecht und regelmäßiger Marmeladenlieferung.

Gutscheine sind eine tolle Sache: für all das, was so anfällt, Rasenmähen, ein Hochbeet anlegen, Äpfel in die Safterei bringen. Wichtig ist auch dabei, herauszufinden, was der andere will, sonst bleibt der Gutschein unbenutzt, egal, wie ökologisch und enkeltauglich es geplant war.

Die eigene Ernte verschenken

Auch Ihren selbst gekelterten Apfelsaft können Sie jetzt verschenken, ebenso Gläser mit selbst gemachter Marmelade. Oder wie wäre es mit selbst gesammelten Blumen- und Gemüsesamen in schön bedruckten Papiertütchen, natürlich selbst gebastelt? Wenn Sie fleißig Kräuter getrocknet und gesammelt haben, können Sie ganz einfach Tees, Seife und Wellnessprodukte oder Leckeres für die Küche herstellen:

- Wer noch blühende Rosen hat: abernten und trocknen. Eine Handvoll Rosenblätter mit etwas Rosenöl beträufeln und in ein Glas geben. 250 g Meersalz oder ein anderes Salz der Wahl mit 1 TL Oliven-, Mandel oder Kokosöl mischen und unter die Rosenblätter heben – fertig ist das Badesalz oder das Peeling.

- Für Kräuteressig und Kräuteröl sammeln Sie Estragon, Thymian oder andere Kräuter, die Ihr Beet jetzt noch hergibt, oder verwenden Sie das, was Sie bereits getrocknet haben. Wichtig sind Geruch und Geschmack, die schon herbstlich zerzauste Optik schadet nicht, das Aussehen leidet in Essig und Öl sowieso. Waschen und putzen Sie die Zweiglein und zerkleinern Sie alles. Dann in saubere, sterilisierte Einmachgläser, Flaschen oder Marmeladengläser geben und mit Apfelessig oder einem guten Öl der Wahl auffüllen. Luftdicht verschließen und etwa vier Wochen ziehen lassen.
- Seife selber machen: Kernseife raspeln, mit ein bisschen Wasser und getrockneten bunten Blütenblättern oder Kräutern mischen, kneten und formen. Trocknen lassen, fertig. Wer mag, kann die Blüten und Kräuter auch zunächst mit etwas hochwertigem Pflanzenöl vermischen.

Christbaum, enkeltauglich?

Weihnachtsbäume sind oft aus Massenanpflanzung, gedüngt, gespritzt, gewässert, am Wuchsort ein Ressourcenfresser, dazu der lange Transportweg, und im Wohnzimmer eine Chemieschleuder. 30 Millionen Stück jedes Jahr, nur in Deutschland. Was sind die Alternativen? Plastikweihnachtsbäume schon mal nicht. Mit Ballen im Topf? Schön wär's.

Die meisten – günstigen – werden ruppig ausgegraben, ihre Wurzeln zurechtgestutzt und in Behälter gestopft. Sie werden nach Weihnachten kaum anwachsen, es kommt ja auch der Temperaturschock von draußen nach drinnen und wieder nach draußen dazu. Deswegen schaffen es auch die im Topf gezogenen Bäume selbst dann selten, wenn sie keine Wurzelschäden haben.

Und wenn es funktioniert? Nadelbäume wachsen schnell, sind bald zu groß fürs Wohnzimmer und für den Garten irgendwann auch. Topfbäume mieten? Ist ziemlich viel Fahrerei.

Die beliebtesten Bäume sind Nordmanntannen. Deren Saatgut aber wird oft unter schlechten und sehr gefährlichen Bedingungen geerntet. Schlecht bezahlte Pflücker steigen in die turmhohen Baumwipfel, für wenig Geld und mit hoher Unfallgefahr. Alternativen dazu sind Tannen mit dem Fair-Trees-Siegel, die aus fair gewonnenen georgischen Samen gezogen werden, oder heimische Fichte oder Kiefer.

Fragen Sie nach Bäumen mit FSC- oder Bio-Siegel oder bei Förstern, regionalen Händlern und Bauern um die Ecke.

Weihnachtsbaum recyclen

Nach den Feiertagen landen die meisten Bäume rasch auf der Straße, bis die Müllabfuhr kommt. Wer einen Bio-Weihnachtsbaum hatte, ist hier fein raus. Fragen Sie in Tierparks und Reitställen, sie nehmen diese gerne als Beschäftigungsfutter für ihre Tiere. Ansonsten: Zweige abschneiden und als Frostschutz auf den Beeten verteilen, der eigentliche Winter kommt ja noch. Der Stamm kann als Totholz in einer Grundstücksecke ein zweites Leben führen. Manche bohren auch Löcher hinein und füllen sie mit Vogelfutter. Oder Sie häckseln das Ganze und geben es als Mulch auf die Blaubeeren und Himbeersträucher, den Rest auf den Kompost.

Zum Abschluss und für die Zukunft

Mit den Festtagen ist das Jahr zu Ende – und dieses Buch auch. Viel haben Sie gelesen und ausprobiert, fanden die Informationen am Anfang vielleicht zu viel, jetzt womöglich zu wenig, weil Sie doch ganz genau wissen wollen, ob und wie Sie in Ihrem sandigen Nordgarten Feigen und Tomaten anbauen können, in Ihrem Schrebergartenverein durchsetzen, dass die Hecke nicht akkurat zweimal im Jahr gestutzt werden muss, oder wie Sie mehr und welche Vögel genau Sie anlocken sollten, damit Sie Buchsbaumzünzler und Eichenprozessionsspinner in Schach halten. Oder, oder, oder …

Es ist *Ihr* Garten. Lernen Sie ihn kennen, lassen Sie sich auf ihn ein und arbeiten Sie mit ihm und nicht gegen ihn. Vielleicht wird es nichts mit dem Tomatenparadies, aber für etwas anderes wird es schon ein Paradies werden.

Was auch immer Sie tun und planen: Überlegen Sie genau, was dafür nötig ist. Und ob es einfacher geht, mit weniger Energie, Wasser, Material. Nutzen Sie so viele Ressourcen wie möglich aus Ihrem Garten für ein Projekt, oder aus anderen Gärten, wenn es dort übrig ist. Was Sie übrig haben, verschenken Sie oder geben es über Kompost und Co. in den Kreislauf der Natur zurück. Alles richtig zu machen, ist nicht das Ziel, oder vielleicht schon, aber das wird nicht gelingen. Das zu wollen, lähmt, und am Ende macht man gar nichts mehr. Natürlich könnten Sie zu dem Schluss kommen, dass die ganze Welt ein einziges Chaos ist und der Mensch alles zerstört oder in den »Ist-ja-eh-egal-Modus« verfallen. Davon hat aber auch niemand etwas, Sie am allerwenigsten.

Fangen Sie einfach an und orientieren Sie sich an den Werten, die Ihnen wichtig sind, nach bestem Wissen und Gewissen. Tierschonend oder plastikfrei, selbstversorgt, biologisch angebaut, fair produziert … Was dann passiert, ist in der Regel: Man informiert sich, überlegt, macht Kompromisse, kauft weniger, leiht, teilt, recycelt, gönnt sich mal was, verzichtet. Egal, was: man entscheidet. Bewusst.

Das ist gut für die Erde, die Enkel und für Sie selbst. Weil Sie das Gefühl haben, sinnvoll zu handeln und wirksam zu sein. Das im Garten zu tun, trainiert für alle anderen Bereiche des Lebens, sodass Sie automatisch rundum darauf achten werden, enkeltauglich zu handeln. Auch beim Einkauf von Lebensmitteln und Kleidung: Statt eine neue Jacke zu kaufen und über die Produktionsbedingungen zu verzweifeln, tragen Sie vielleicht die alte Jacke, bis es nicht mehr geht, und kaufen dann ein fair produziertes neues Lieblingsstück oder nur noch secondhand. Oder beim Bauen und Renovieren oder Reisen, oder, oder.

Gar nicht mehr zu konsumieren, ist übrigens auch kein Weg. Das hieße in letzter Konsequenz, als Mensch nicht mehr zu existieren – philosophisch betrachtet, aber auch ganz praktisch. Die Welt ist, wie sie ist, sie hat keine Werkseinstellung. Überall die ökologische Notbremse reinzuhauen, führt vielleicht zu weniger Umweltschäden, aber nicht zurück ins Paradies, sondern vielleicht an anderen Stellen zu Armut, Chaos und neuen Konflikten. Auch das ist keine Welt, wie ich sie meinen Kindern und Enkelkindern hinterlassen möchte.

In einem Gedicht habe ich mal den schönen Satz gefunden: »Auch du bist ein Kind des Universums und hast ein Recht, hier zu sein.« So wie die Bienen und Vögel und Ihre Gartenblumen, so wie Ihre Enkel dereinst. Machen Sie einfach das Beste daraus und genießen Sie Ihr Leben. Etwas Gutes zu tun, ist weniger Schlechtes in der Summe. Alles, was man mit Freude tut, bringt so viel mehr, als mit schlechtem Gewissen durchs Leben zu gehen. Enkeltauglich zu gärtnern, ist ein kleiner Beitrag dazu. Fangen Sie an, und Sie werden viel lernen, was Sie an Ihre Kinder und Enkel weitergeben können, genau wie künftig vielleicht Ihren Garten und hoffentlich eine gute Zukunft.

Die Autorin

Sigrid Tinz ist freie Journalistin, Autorin und Referentin für Umwelt-, Natur- und Gartenthemen. Die Geoökologin lebt mit vier Kindern, Katzendame Miezi und Schäferhündin Mary im Münsterland. In ihrem kleinen Familiengarten gärtnert sie möglichst naturnah, ressourcenschonend und plastikfrei, gezielte Unordnung schafft Lebensräume für die heimische Tierwelt.

Von Sigrid Tinz sind im pala-verlag bereits erschienen: »Selbst ist die Pflanze«, »Haufenweise Lebensräume«, »Friede den Maulwürfen!«. Auch bei Instagram unter *kraut_und_buecher* ist sie regelmäßig aktiv, postet Fotos und interessante Neuigkeiten. Sie beantwortet dort gerne auch Fragen rund um die Themen Garten und Natur.

Anhang

Zum Weiterlesen

Ulrike Aufderheide: **Der sanfte Schnitt,** pala-verlag

Ulrike Aufderheide: **Tiere pflanzen,** pala-verlag

BUNDjugend: **Ende der Verschwendung,** Broschüren zum Downloaden unter: https://blog.bundjugend.de

Irmela Erckenbercht und Rainer Lutter: **Der Spielgarten,** pala-verlag

Natalie Faßmann: **Beinwelljauche, Knoblauchtee & Co.,** pala-verlag

Natalie Faßmann: **Das Indianerbeet,** pala-verlag

Natalie Faßmann: **Mein wunderbarer Naschbalkon,** Verlag Eugen Ulmer

Holly Farell: **Kräuter,** Haupt Verlag

Susanne Foitzik und Olaf Fritsche: **Weltmacht auf sechs Beinen.** Das verborgene Leben der Ameisen, Rowohlt Verlag

Dettmer Grünefeld: **Das Mulchbuch,** pala-verlag

Marco Kawollek und Wolfgang Kawollek: **Alles über Pflanzenvermehrung,** Verlag Eugen Ulmer

Brigitte Kleinod: **Nachts in meinem Garten,** pala-verlag

Marlies Ortner: **Saatgut aus dem Hausgarten,** ökobuch Verlag

Bärbel Oftring: **Wird das was oder kann das weg?** Kosmos Verlag

Agner Pahler: **Das Kompostbuch,** pala-verlag

Wolfgang Palme: **Ernte mich im Winter,** Löwenzahn Verlag

Andrea Preißler-Abou El Fadil: **Gärtnern nach dem Terra-Preta-Prinzip,** pala-verlag

Melissa Raupach**: Regrow your veggies,** Verlag Eugen Ulmer

Sigrid Tinz: **Friede den Maulwürfen,** pala-verlag

Sigrid Tinz: **Haufenweise Lebensräume,** pala-verlag

Sigrid Tinz: **Wildkräuter und Naturabenteuer,** Verlag Eugen Ulmer

Zum Informieren und Weiterdenken

www.anstiftung.de
Netzwerk für offene Werkstätten, Reparatur-Initiativen, interkulturelle und urbane Gemeinschaftsgärten

https://blog.bundjugend.de
Blog des Jugendverbands des BUND (Bund für Umwelt und Naturschutz Deutschland e.V.) zu Themen wie Klimafasten, plastikfreiem Leben, Degroth und Postwachstum

www.bund.net/service/publikationen/detail/publication/bund-einkaufsfuehrer-fuer-torffreie-erden
Praktischer Einkaufsführer für torffreie Blumenerde – es gibt mehr, als Sie vielleicht denken!

www.facebook.com/gaertendesgrauens
Gartensatire bei facebook und instagram

www.forum-fairer-handel.de/nc/materialien/
Datenbank zu Infomaterialien zum Fairen Handel mit zielgruppen- und themenspezifischer Suchfunktion

www.gartenpaten.org
Vernetzt Menschen, die einen Garten teilen möchten, mit Menschen, die gärtnern möchten.

www.klimabuendnis.at
Globale Partnerschaft zum Schutz des Klimas. Informationen, Weiterbildung sowie Projekte und Kampagnen zu Klimaschutz, Klimagerechtigkeit und Klimawandelanpassung

www.meine-ernte.de
Fertig bepflanzte Gemüsebeete zum Mieten, deutschlandweit. Beispielhaft für andere Anbieter von Saisongärten, bei Interesse auch in der eigenen Region umschauen.

www.nabu.de/tiere-und-pflanzen
Vielfältiges Informationsmaterial zum Artenschutz, Tierarten von A wie Ameise bis Z wie Zilpzalp sowie Mitmachaktionen wie »Stunde der Gartenvögel« und »Insektensommer«

www.naturalbulbs.de
Informationen und Bezugsquellen für ökologische Blumenzwiebeln

www.naturgarten.org
Anregende Beispiele privater Naturgärten und Schaugärten, Filme zum naturnahen Grün

www.naturverbindet.at
Informationsmaterial vom Naturschutzbund Österreich über den Schutz von Wildbienen, Schmetterlingen und Käfern. Natur verbindet – jeder m² zählt.

www.nebenan.de
Nachbarschaftshilfe finden und anbieten

www.ressourcen-rechner.de
Rechner für den persönlichen ökologischen Rucksack vom Wuppertal Institut für Klima, Umwelt, Energie gGmbH

www.saatgutkampagne.org
Kampagne für Saatgut-Souveränität, unterstützt Saatgut-Tauschbörsen, liefert Informationen sowie Interpretationshilfen zur Gesetzgebung rund ums Saatgut.

www.saatgut-tauschen.de
Tauschbörse für samenfestes Saatgut

www.suedwind-institut.de
Fundierte Studien, vielfältige Publikationen und Informationsmaterial für eine gerechte Weltwirtschaft

www.wurmkiste.at
Informationen zum Kompostieren in der Wurmkiste und Bauanleitung

Zum Informieren und Vernetzen

Forum Fairer Handel e.V.
Krausnickstraße 13
10115 Berlin
www.forum-fairer-handel.de

NABU
Charitéstraße 3
10117 Berlin
www.nabu.de

Deutsche Wildtier Stiftung
Christoph-Probst-Weg 4
20251 Hamburg
www.deutschewildtierstiftung.de

Verein zur Erhaltung der Nutzpflanzenvielfalt e.V.
Walburger Straße 2
37213 Witzenhausen
www.nutzpflanzenvielfalt.de

Naturgarten e.V.
Reuterstraße 157
53113 Bonn
www.naturgarten.org

Sensenwerkstatt
Allmendweg 54
66453 Gersheim-Walsheim
www.sensenwerkstatt.de

Sensenverein Deutschland e.V.
Bregenzer Straße 27
88239 Wangen
www.sensenverein.de

Österreich

Verein REWISA-Netzwerk
Tulpengasse 8A
4400 Steyr
www.naturgarten-netzwerk.at

Sensenverein Österreich
Dierzerstraße 15
4560 Kirchdorf an der Krems
www.sensenverein.at

Arche Noah
Obere Straße 40
3553 Schiltern
www.arche-noah.at

Schweiz

ProSpecieRara
Unter Brüglingen 6
4052 Basel
www.prospecierara.ch

Bioterra Schweiz
Scheideggstrasse 73
8038 Zürich
www.bioterra.ch

Zum Säen und Pflanzen

Rühlemann's Kräuter & Duftpflanzen
Auf dem Berg 2
27367 Horstedt
www.kraeuter-und-duftpflanzen.de

herb's
Gärtnerei & Pflanzenversand
Stedinger Weg 16
27801 Dötlingen
www.herb-s.de

Bioland Hof Jeebel Biogartenversand OHG
Jeebel 17
29410 Salzwedel OT Jeebel
www.biogartenversand.de

Dreschflegel GbR
In der Aue 31
37213 Witzenhausen
www.dreschflegel-saatgut.de

Kräuter- und Wildpflanzengärtnerei Strickler
Lochgasse 1
55232 Alzey-Heimersheim
www.gaertnerei-strickler.de

Bingenheimer Saatgut AG
Kronstraße 24
61209 Echzell
www.bingenheimersaatgut.de

Appels Wilde Samen GmbH
Brandschneise 2
64295 Darmstadt
www.appelswilde.de

Rieger-Hofmann GmbH
In den Wildblumen 7 – 13
74572 Blaufelden-Raboldshausen
www.rieger-hofmann.de

Naturgartenvielfalt & Wildblumen
Kerstin Lüchow
Kirnaustraße 13
74744 Ahorn
www.naturgartenvielfalt.de

Syringa
Duftpflanzen und Kräuter
Bachstraße 7
78247 Hilzingen-Binningen
www.syringa-pflanzen.de

Hof Berg-Garten
Lindenweg 17
79737 Herrischried
www.hof-berggarten.de

Staudengärtnerei Gaißmayer
Jungviehweide 3
89257 Illertissen
www.gaissmayer.de

Bio-Saatgut
Gaby Krautkrämer
Weingartenstraße 58
97252 Frickenhausen am Main
www.bio-saatgut.de

Österreich

Reinsaat KG
3572 St. Leonhard am Hornerwald 69
www.reinsaat.at

Voitsauer Wildblumensamen
Voitsau 8
3623 Kottes-Purk
www.wildblumensaatgut.at

Wilde Blumen OG
Puchheimer Straße 9
4844 Regau
www.wildeblumen.at

Schweiz

Zollinger Bio GmbH
Route de la Praille 20
1897 Les Evouettes
www.zollinger.bio

Die Wildstaudengärtnerei
Patricia Willi
Neumühle 2
Waldibrücke
6274 Eschenbach
www.wildstauden.ch

Sativa Rheinau
Klosterplatz 1
8462 Rheinau
www.sativa-rheinau.ch

Neubauer GmbH
Biogärtnerei & Naturgärten
Lenzenhausstrasse 9
8586 Erlen
www.neubauer.ch

Passendes Zubehör

urban kraut
Bornholmer Straße 81 A
10439 Berlin
www.urban-kraut.de

Manufactum GmbH
Hiberniastraße 5
45731 Waltrop
www.manufactum.de

Schwegler Vogel- u. Naturschutzprodukte
Heinkelstraße 35
73614 Schorndorf
www.schwegler-natur.de

Keller GmbH & Co. KG
Konradstraße 17
79100 Freiburg
www.biokeller.de

Waschbär GmbH
Wöhlerstraße 4
79108 Freiburg
www.waschbaer.de

LBV NaturShop
Eisvogelweg 1
91161 Hilpoltstein
www.lbv-shop.de

Brigitte Kleinod:
Rückenfreundlich gärtnern
ISBN: 978-3-89566-382-6

Sigrid Tinz:
Selbst ist die Pflanze
ISBN: 978-3-89566-372-7

Brigitte Kleinod und
Friedhelm Strickler:
Schön wild!
ISBN: 978-3-89566-367-3

Ulrike Aufderheide:
Rasen und Wiesen
im naturnahen Garten
ISBN: 978-3-89566-274-4

Sigrid Tinz:
Haufenweise Lebensräume
ISBN: 978-3-89566-389-5

Sigrid Tinz:
Friede den Maulwürfen!
ISBN: 978-3-89566-393-2

Farina Graßmann:
Wunderwelt Totholz
ISBN: 978-3-89566-401-4

Werner David:
Fertig zum Einzug: Nisthilfen für Wildbienen
ISBN: 978-3-89566-358-1

Michael Altmoos:
Der Moosgarten
ISBN: 978-3-89566-387-1

Dirk A. Diehl:
Ein Garten für Fledermäuse
ISBN: 978-3-89566-311-6

Uwe Westphal:
Das große Buch der Gartenvögel
ISBN: 978-3-89566-375-8

Peter Wohlleben:
Kranichflug und Blumenuhr
ISBN: 978-3-89566-384-0

Andrea Preißler-Abou El Fadil:
Gärtnern nach dem Terra-Preta-Prinzip
ISBN: 978-3-89566-376-5

Agnes Pahler:
Das Kompostbuch
ISBN: 978-3-89566-315-4

Natalie Faßmann:
Auf gute Nachbarschaft
ISBN: 978-3-89566-257-7

Irmela Erckenbrecht:
Die Kräuterspirale
ISBN: 978-3-89566-290-4

Gesamtverzeichnis bei:
pala-verlag, Rheinstraße 35, 64283 Darmstadt, www.pala-verlag.de

ISBN: 978-3-89566-399-4

Rheinstraße 35, 64283 Darmstadt
www.pala-verlag.de

Bildnachweis:

Titelbilder
oben: Andrea Preißler-Abou El Fadil
unten links: Michael Altmoos
unten Mitte: Roland Günter
unten rechts: Sigrid Tinz

Innenteil
Seiten 20, 34, 50, 86, 119, 120, 124, 137, 150: Farina Graßmann
Seiten 25, 79: Andrea Preißler-Abou El Fadil
Seiten 47, 68: Werner David
Seiten 22, 48, 59, 63, rechts, 110, 134: Barbara Reis
Seite 80: Adobe Stock/Dmytrio
Seite 105: Roland Günter
Seiten 133, 164: Claudia Molnar
alle anderen Fotos: Sigrid Tinz

Symbole: Margret Schneevoigt

Lektorat: Barbara Reis

Satz und Gestaltung: Die Werkstatt-Medien Produktion GmbH, Göttingen
www.werkstatt-produktion.de

Druck und Bindung:
Beltz Grafische Betriebe GmbH, Bad Langensalza
www.beltz-grafische-betriebe.de
Printed in Germany